粉体の
数値シミュレーション

Numerical simulation of granular flows

酒井 幹夫 編著

丸善出版

序　　文

　われわれは，日常生活において，知らず知らずのうちに粉体と接している．そのため粉体に関する研究は，工学ばかりでなく，理学，薬学，農学と非常に多岐に及ぶが，本書では粉体の工学への応用に着目する．

　工学において，粉体に関する研究は，かなり広い分野で行われており，枚挙に暇がない．その対象は，鉄鋼材料，食品，トナー，二次電池，土砂のような身近なものから，原子燃料，オイルサンドのような普段の生活において接する機会のほとんどないものまで大変幅広い．近年のコンピュータ性能の大幅な向上により，大学，研究機関，企業などにおいて，粉体シミュレーションを産業に応用しようという動きが見られる．その粉体シミュレーションには，離散要素法とよばれる手法が広く用いられる．これは非常にシンプルな手法であり，プログラミングと力学の基礎知識があれば誰でも実行することができるが，これまでに良書がなかったからであろうか，専門家にしか取り扱うことができないと思われていた．

　本書の読者には，粉体シミュレーションの初学者であり，化学工学，機械工学，土木工学をはじめとする工学系の専門課程の学部学生，大学院生および企業において実務や研究に携わるエンジニアを対象とする．そのため，本書では，

難解な内容を記載することは避け，粉体シミュレーションを実行するための基礎知識の習得を目指すこととした．加えて，数値解析を実行する上で必要となる離散化などについてもていねいに記述したため，本書を読むことにより，第一線で活躍する研究者のように，自らプログラムを作成して粉体シミュレーションを実行することができるようになる．

さらに，本書では粉体シミュレーションの最先端につながる知識の習得を目的として，固体–流体連成問題を取り扱った．先に述べたように，コンピュータ性能の著しい向上に伴い，少し前までは大きな計算負荷のために実行が困難であった流体と粉体の連成問題が研究されるようになってきた．実際，最近の粉体シミュレーションの研究対象は，固体–流体連成問題が非常に多い．固体–流体連成問題の数値解析を実行するため，非圧縮流体解析の基礎，アルゴリズムおよび応用事例を示して初学者が理解できるように説明した．粉末成形体の構造解析手法はその応用範囲が広いにもかかわらず，まだ確立されていない．そこで本書では著者らが研究中の粉末成形体の構造解析手法についても説明した．また，近年のコンピュータに搭載される計算演算子はマルチコアとよばれており，1つのプロセッサに複数個のコアが搭載されている．このコアを有効活用できないと，コンピュータの性能を十分引き出すことができない．そのため，本書では，マルチコアを活用した粉体シミュレーションについても述べた．

このように，本書には粉体シミュレーションの基礎から最先端の学問，すなわち，粉体シミュレーションに必要となる物理，数値解析およびプログラミングについて，初学者が理解できるように記してある．本書は粉体シミュレーションの初学者を対象としているが，本分野の最先端の知見も記したので，すでに粉体シミュレーションを経験した方々がその知識を深めるばかりでなく，粉体シミュレーションを新たに始めようと思う研究者が現れることを期待する．本書の読者を通して，粉体シミュレーションが産業界の発展に役立てられることを切に願う．

本書の執筆を勧めてくださった越塚誠一先生に深く感謝いたします．また執筆に携わった，茂渡悠介氏と水谷慎氏にも感謝する．山田祥徳氏には，本書を作成する上で必要となる数値解析をいくつか実行していただいた．また，著者とともに，粉体シミュレーションの研究を行ってきた，研究者，大学院生，卒

論生にも感謝したい．最後に，本書の出版にあたりたいへんお世話になりました丸善出版株式会社の渡邊康治氏に御礼申し上げます．

2012 年 7 月

酒 井 幹 夫

本 書 の 構 成

　本書は以下に示す本文 9 章から構成され，粉体シミュレーション手法の概要・応用，離散要素法，粉体シミュレーションにかかわる数値計算，離散要素法の並列計算，固体–流体連成問題の数値解析および粉末成形体の構造解析について説明する．本書の執筆は，5 章を茂渡悠介，9 章を水谷 慎，そのほかの章を酒井幹夫が担当した．

　1 章 粉体シミュレーション：粉体と流体の違いについて，運動方程式を示すとともに，数値実験により両者の挙動の違いを検証する．代表的な粉体シミュレーション手法の連続体モデル，離散要素法および離散要素法と有限要素法を結合した手法の FEMDEM について概要を示す．さらに，離散要素法の産業界における応用事例について述べる．

　2 章 離散要素法の基礎：本章では，最も広く使われている粉体シミュレーションの離散要素法の理論について詳細に説明する．初学者が離散要素法を用いた粉体シミュレーションのプログラムを作成するのに必要となる知識をつけられるように説明する．弾性力，粘性減衰および摩擦力のモデリングについて詳細に説明する．離散要素法シミュレーションを効率よく実施するための衝突判定格子の登録方法について，既往の手法および筆者らが新たに開発したリンクリ

スト構造を説明する．

　3章 数値流体力学の基礎：本章では，固体–流体連成問題の数値解析を実行する上で必要となる非圧縮性流体の数値解析の基礎について学ぶ．ナビエ–ストークス方程式の移流項の差分スキームについて，固体–流体連成問題の数値解析で用いられているものをいくつか示す．フラクショナルステップ法を用いて，流体解析のアルゴリズムを説明する．数値解析を安定的に実行するための条件についても示す．

　4章 数値計算の基礎：粉体シミュレーションでは，固体粒子の位置，速度，角速度を求めるときに時間差分スキームを使用する．本章では，粉体シミュレーションでよく使われる時間差分スキームのいくつかを紹介する．また，近年，気相または液相中の粉体の挙動を計算する研究が多くなされている．これは，固体–流体連成問題とよばれる．固体–流体連成問題では，流体についても計算する必要がある．流体の数値解析では，行列解法の知識も必要になるので，これについても本章で紹介する．

　5章 並列計算：本章では，マルチコアCPUを用いて並列計算を行うための基礎知識について学ぶ．OpenMPを使用してスレッド並列計算を行うための注意点を説明するとともに，プログラムを例示して，初学者が並列計算を導入できるようにする．また，コンパイラーのオプション設定の考え方を示す．

　6章 固気二相流の数値解析：本章では，流体(気体)および粉体が相互作用するような複雑な流れ場について，流体と粉体を連成して計算する手法について述べる．流体および粉体の数値解析には，それぞれ，格子法および離散要素法を使用する．流体の運動は，局所体積平均法にもとづくナビエ–ストークス方程式を使用する．本手法はDEM–CFD法とよばれる．DEM–CFD法の応用事例として流動層の数値解析を示す．

　7章 固液二相流の数値解析：本章では，流体(液体)および粉体が相互作用するような複雑な流れ場の数値解析について述べる．流体および粉体の数値解析には，それぞれ，MPS法および離散要素法を使用する．本手法は，DEM–MPS法とよばれ，筆者らが提案した手法であり，自由液面を伴う固液二相流解析を得意とする．応用事例として回転円筒容器内の固液二相流の数値解析を示す．

　8章 直接計算法を用いた固体–流体連成問題の解法：本章では，固体粒子まわり

の流れ場を精度よく評価するための数値解析手法について述べる．流体解析には格子法を使用し，格子サイズは粒子径よりも十分に小さく設定する．固体粒子と流体の相互作用力を評価するために埋込境界法を使用する．埋込境界法を使用することにより，抗力，潤滑力，揚力，仮想質量力などの流体力学的相互作用力を物理モデルを使用しないで直接計算することができる．本手法は，DEM–DNS法とよばれる．DEM–DNS法の応用事例として，Drafting–Kissing–Tumblingおよびスラリー粘度の評価を示す．

9章 粉末成形体の構造解析：本章では，粒子法ベースで開発された粉末成形体の構造解析手法について述べる．従来の粒子法ベースの構造解析手法では，微小変形ひずみを用いていたが，粉末成形プロセスにおける構造物の大変形を想定してグリーン–ラグランジュひずみを使用した．本手法とDEMを接続することにより，粉末成形体の構造解析が実行できる．本手法は，まだ基礎研究段階であるが，粉末成形体の構造解析を著しく発展させる手法であることが考えられるため，本書に掲載した．

目　次

1　粉体シミュレーション ... 1
　1.1　はじめに ... 1
　1.2　粉体と流体の違い ... 1
　1.3　数値解析手法 ... 4
　1.4　シミュレーションの応用 ... 8
　1.5　なぜDEMなのか? ... 10
　1.6　おわりに ... 11
　　　文　献 ... 12

2　離散要素法の基礎 ... 17
　2.1　はじめに ... 17
　2.2　基　礎　式 ... 17
　2.3　DEM ... 19
　2.4　隣接粒子探索の効率化 ... 28
　2.5　安定解析 ... 31
　2.6　アルゴリズム ... 32

2.7　DEMにおけるばね定数の設定方法 ———————————— 39
　　　2.8　お　わ　り　に ———————————————————————— 40
　　　　　　文　　献 ———————————————————————————— 40

3　数値流体力学の基礎 ———————————————————————— 41
　　　3.1　は　じ　め　に ———————————————————————— 41
　　　3.2　流体の基礎式 ———————————————————————— 41
　　　3.3　アルゴリズムの概要 ———————————————————— 42
　　　3.4　離　散　化 ———————————————————————————— 43
　　　3.5　境　界　条　件 ———————————————————————— 50
　　　3.6　数値解析の安定条件 ———————————————————— 53
　　　3.7　お　わ　り　に ———————————————————————— 54
　　　　　　文　　献 ———————————————————————————— 54

4　数値計算の基礎 ———————————————————————————— 57
　　　4.1　は　じ　め　に ———————————————————————— 57
　　　4.2　時間差分スキーム ———————————————————————— 57
　　　4.3　行　列　解　法 ———————————————————————— 66
　　　4.4　お　わ　り　に ———————————————————————— 72
　　　　　　文　　献 ———————————————————————————— 73

5　並　列　計　算 ———————————————————————————————— 75
　　　5.1　は　じ　め　に ———————————————————————— 75
　　　5.2　計算機用プロセッサの歴史 ———————————————— 76
　　　5.3　マルチコア環境における並列計算の基礎 ———————— 78
　　　5.4　粉体シミュレーションの並列化 ———————————————— 99
　　　5.5　お　わ　り　に ———————————————————————— 111
　　　　　　文　　献 ———————————————————————————— 112

6　固気二相流の数値解析 ———————————————————————— 113
　　　6.1　は　じ　め　に ———————————————————————— 113

6.2	基　礎　式	113
6.3	アルゴリズム	120
6.4	数 値 解 析 例	124
6.5	お わ り に	134
	文　　献	134

7　固液二相流の数値解析　　137

7.1	は じ め に	137
7.2	MPS 法	137
7.3	固液二相流の基礎式	141
7.4	アルゴリズム	146
7.5	DEM–MPS 法を用いた数値解析例	148
7.6	お わ り に	150
	文　　献	150

8　直接計算法を用いた固体–流体連成問題の解法　　153

8.1	は じ め に	153
8.2	基　礎　式	153
8.3	DEM–DNS 法	155
8.4	数 値 実 験	160
8.5	お わ り に	165
	文　　献	165

9　粉末成形体の構造解析　　167

9.1	は じ め に	167
9.2	粉末成形体の数値解析の重要性	167
9.3	FD–PMの概要	168
9.4	数 値 解 析	176
9.5	計 算 結 果	179
9.6	お わ り に	181
9.7	付　　録	181

文　献 ……………………………………………………… 189

索　引 ……………………………………………………… 191

1 粉体シミュレーション

1.1 はじめに

本章では，まず，粉体と流体の運動を記述する方程式を示し，その挙動の違いを説明する．その後，既往の粉体シミュレーション手法において広く用いられている連続体モデルおよび不連続体モデルの概要と特徴を説明する．さらに，粉体シミュレーションの産業への応用例について述べる．

1.2 粉体と流体の違い

空気や水のような流体は，いわゆる連続体 (continuum) として記述されることが多い．流体のような連続体のシミュレーションには，オイラー的手法 (Eulerian approach)，すなわち，格子を使用した数値解析手法が広く用いられている．オイラー的手法による連続体の数値解析は，実績が豊富であり，主として，有限差分法 (Finite Difference Method: FDM)，有限体積法 (Finite Volume Method: FVM)，有限要素法 (Finite Element Method: FEM) がある．さらには，ラグランジュ的手法 (Lagrangian approach) による連続体の数値解析，すなわち，流体粒子を使用した手法も開発され，近年活発に研究がなされている．ラグランジュ的手法による連続体の数値解析には，たとえば SPH (Smoothed Particle

Hydrodynamics) 法[1]や MPS (Moving Particle Semi-implicit) 法[2]がある．他方，粉体のような不連続体 (discontinuum) のシミュレーションには，本書で取り上げられる離散要素法 (Discrete Element Method: DEM) が広く使われる．DEM もラグランジュ的手法であり，個々の粒子の挙動を計算する．

さて，粉体と流体の違いを運動方程式にもとづいて考えてみよう．読者がイメージしやすいように，流体と粉体は，それぞれ，水とビー玉 (のような比較的大きな固体粒子) を想定しよう．流体の運動方程式は，ナビエ–ストークス方程式 (Navier–Stokes equation) とよばれるものであり，ラグランジュ的記述で示すと，

$$\rho_\mathrm{f} \frac{\mathrm{D} \bm{u}_\mathrm{f}}{\mathrm{D} t} = -\nabla p + \nabla \cdot \bm{\tau}_\mathrm{f} + \rho_\mathrm{f} \bm{g} \tag{1.1}$$

のように表される．ここで，ρ_f, $\bm{u}_\mathrm{f}$, p, $\bm{\tau}_\mathrm{f}$ および $\bm{g}$ は，それぞれ，流体密度，流体粒子速度，流体圧力，粘性応力および重力加速度である．式 (1.1) より，流体の運動は，圧力勾配項，粘性項および外力項を考慮して記述できることを示している．圧力勾配項は流体が圧力の高いところから低いところに向かって移動することを意味する．粘性項はせん断応力にかかわるものであり，エネルギー散逸を意味する．流体の運動はこのような方程式で記述されるため，たとえば，水の入ったコップを逆さまにしてコップを取り去ったとき，最終的に水面は水平となり，静止する．

他方，ビー玉のような比較的大きな固体粒子の運動方程式は，

$$m_\mathrm{s} \frac{\mathrm{d} \bm{v}_\mathrm{s}}{\mathrm{d} t} = \sum \bm{F}_\mathrm{C} + \bm{F}_\mathrm{g} \tag{1.2}$$

のように表される．ここで，m_s, $\bm{v}_\mathrm{s}$, $\bm{F}_\mathrm{C}$ および $\bm{F}_\mathrm{g}$ は，それぞれ，固体粒子の質量，固体粒子の速度，固体粒子に作用する接触力および重力加速度である．粉体の運動方程式を記述する上で，接触力および重力が支配的となることがわかる．後で詳しく述べるが，固体に作用する接触力は，ばねおよびダッシュポットを使用して模擬することができるため，式 (1.2) は，

$$m_\mathrm{s} \frac{\mathrm{d} \bm{v}_\mathrm{s}}{\mathrm{d} t} = -Ck\bm{\delta}_\mathrm{s} - C\eta \bm{v}_\mathrm{s} + m_\mathrm{s} \bm{g} \tag{1.3}$$

のように表すことができる．ここで，k, $\bm{\delta}_\mathrm{s}$ および η は，それぞれ固体粒子の質量，固体粒子の速度，ばね定数，変位および粘性減衰定数である．なお，複

数の粒子が接触することがあるため，すなわち，式 (1.2) の $\sum$ を反映するため，式 (1.3) に係数 C を与えた．式 (1.3) の右辺第 1 項には弾性 (elasticity) が考慮されている．弾性とは，物体に力を加えた際には変形するが，それを除荷した際にはもとに戻る性質のことである．第 2 項の役割はナビエ–ストークス方程式における粘性項に相当するものである．式 (1.3) には，ナビエ–ストークス方程式における圧力勾配項が含まれないため，固体粒子は必ずしも圧力の高いところから低いところへ移動しない．このように，粉体の運動方程式は式 (1.3) で表すことができるため，粉体をコップに充填したときアーチ効果 (arch effect) により粉体層の中に空隙ができる可能性があるし，静止した水平な台の上でそれを逆さまにしてコップを取り去ったとき，粉体層は水平になることはなく山が形成される．

このような運動方程式の違いから，粉体は流体とは異なる挙動を示す．粉体と流体の挙動の違いを示すために，流体または粉体を片側に寄せながら水槽に入れて仕切り板を取り去る数値実験を実行してみよう．流体および粉体の数値解析には，それぞれ，後述する MPS 法および DEM を使用する．図 1.1 に，初期状態，仕切り板を取り去ってから 0.5 秒後および 8 秒後の数値解析結果を示す．予想されるように，仕切り板を取り去ってから 8 秒後について流体の表面は水平になりつつあり，粉体層は水平にならないで左側の方が高くなった．また，仕切り板を取り去ってから 0.5 秒後と 8 秒後の粉体層の表面形状は流体のものと比較して変化が少なかった．以上の結果より，粉体のような不連続体と流体のような連続体の挙動は基本的に異なることが示された．両者の運動方程式が異なるため，図 1.1 のような類似の体系の数値解析を行っても，両者でまったく異なる結果が得られる．

ここでは，粉体と流体の違いを初学者に理解しやすいようにおおざっぱに説明した．読者に誤解を与えないために，体系や条件によっては，粉体のような不連続体であっても，連続体モデルで記述できる可能性があり，不連続体である粉体の挙動を連続体モデルで記述するための研究がなされていることを付記しておく．

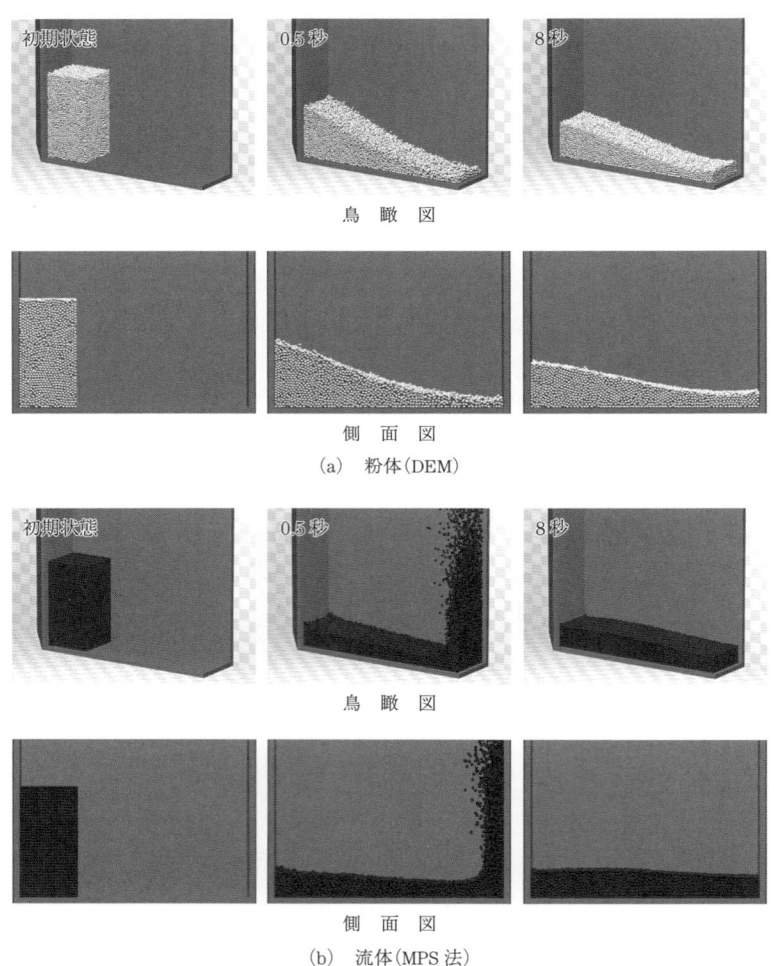

(a) 粉体(DEM)

(b) 流体(MPS法)

図 1.1 粉体と流体の違い (シミュレーション)

1.3 数値解析手法

本節では，既存の粉体シミュレーション手法についていくつか紹介する．粉体シミュレーション手法は，連続体モデル (continuum model) と不連続体モデ

ル (discontinuum model) に大別される．

まず，連続体モデルについて概要を述べる．連続体モデルは，その名前の通り，粉体で構成される固相 (solid phase) を連続体としてモデル化する．Gidaspow によって開発された運動論にもとづく連続体モデル[3]が有名である．このモデルの亜種もいくつか開発されている．

連続体モデルは，流動層をはじめ，固相の流動性が比較的高い体系，すなわち，固相の体積分率が最大充填率になりにくい体系に使用されることが多い．また，すでにいくつかの汎用熱流動解析ソフトウェアに導入されている．表 1.1 に示すように連続体モデルの支配方程式および構成方程式の総数は 10 を超える．連続体モデルの最大の特長は，計算粒子数がメモリ制限や計算負荷に影響を与えないことである．そのため，産業界で用いられるような大規模体系 (10 億個超の粒子数) を計算できる可能性がある．実際に，化学工学や環境・エネルギーの分野の大規模体系において，気泡挙動の精度評価[4]，化学反応を伴う複雑な体系への応用[5]および細粒子への応用[6]をはじめ，いくつかの応用事例がある．他方，短所として，付着力が作用するような粒子の挙動を模擬することが困難なこと，粒度分布を模擬するのに構成方程式を追加する必要があるため，計算負荷が著しく高くなること，などがあげられる．また，表 1.1 に示した動径分布関数において固相の体積分率の最大値を経験にもとづいて設定する必要がある．ただし，固相の体積分率が最大充填率に見積もられたときに発散してしまう．さらに，連続体モデルとよばれるように，不連続体らしい挙動の模擬が困難になる可能性がある．

不連続体モデルには，主として，DEM[7]，FEMDEM (Finite Element Method–Discrete Element Method)[8] などがあげられる．これらの不連続体モデルについて概要を述べる．

DEM の和名について，主に機械工学や化学工学では離散要素法とよばれ，同じ手法であっても，土木工学では個別要素法とよばれる．英語標記についてもふれておくと，離散要素法は Discrete Element Method，個別要素法は Distinct Element Method とよばれることが多い．英語の略称では，いずれの場合も DEM である．本書では，以後，断らずに，離散要素法もしくは DEM と記す

表 1.1 運動論にもとづく連続体モデルの基礎式および構成式

連続相	連続の式	$\dfrac{\partial\left(\varepsilon_i\rho_\mathrm{f}\right)}{\partial t}+\nabla\cdot\left(\varepsilon_i\rho_\mathrm{f}\boldsymbol{v}_\mathrm{f}\right)=0$
	運動方程式	$\dfrac{\partial\left(\varepsilon_\mathrm{f}\rho_\mathrm{f}\boldsymbol{v}_\mathrm{f}\right)}{\partial t}+\nabla\cdot\left(\varepsilon_\mathrm{f}\rho_\mathrm{f}\boldsymbol{v}_\mathrm{f}\boldsymbol{v}_\mathrm{f}\right)$ $=\nabla\cdot\boldsymbol{\tau}_\mathrm{f}+\varepsilon_\mathrm{f}\rho_\mathrm{f}\boldsymbol{g}-\nabla p-\beta(\boldsymbol{v}_\mathrm{f}-\boldsymbol{v}_\mathrm{s})$
	粘性応力テンソル	$\boldsymbol{\tau}_\mathrm{f}=\mu_\mathrm{f}\left[\nabla\boldsymbol{v}_\mathrm{f}+(\boldsymbol{v}_\mathrm{f})^T\right]-\dfrac{2}{3}\mu_\mathrm{f}(\nabla\cdot\boldsymbol{v})\boldsymbol{I}$
	運動量交換係数	$\beta=150\dfrac{\varepsilon_\mathrm{s}{}^2\mu_\mathrm{f}}{\varepsilon_\mathrm{f}{}^2 d^2}+1.75\dfrac{\rho_\mathrm{f}\varepsilon_\mathrm{s}}{\varepsilon_\mathrm{f}d}\lvert\boldsymbol{v}_\mathrm{f}-\boldsymbol{v}_\mathrm{s}\rvert \quad (\varepsilon\leq 0.8)$ $\beta=\dfrac{3C_d\varepsilon_\mathrm{f}\varepsilon_\mathrm{s}\rho_\mathrm{f}\lvert\boldsymbol{v}_\mathrm{f}-\boldsymbol{v}_\mathrm{s}\rvert}{4d}\varepsilon_\mathrm{f}{}^{-2.65} \quad (\varepsilon>0.8)$
	流体抵抗係数	$C_d=\dfrac{24}{Re}\left(1-0.15Re^{0.687}\right) \quad (Re<1000)$ $C_d=0.44 \quad (Re\geq 1000)$
固相	連続の式	$\dfrac{\partial\left(\varepsilon_\mathrm{s}\rho_\mathrm{s}\right)}{\partial t}+\nabla\cdot\left(\varepsilon_\mathrm{s}\rho_\mathrm{s}\boldsymbol{v}_\mathrm{s}\right)=0$
	運動方程式	$\dfrac{\partial\left(\varepsilon_\mathrm{s}\rho_\mathrm{s}\boldsymbol{v}_\mathrm{s}\right)}{\partial t}+\nabla\cdot\left(\varepsilon_\mathrm{s}\rho_\mathrm{s}\boldsymbol{v}_\mathrm{s}\boldsymbol{v}_\mathrm{s}\right)$ $=\nabla\cdot\boldsymbol{\tau}_\mathrm{s}+\varepsilon_\mathrm{s}\rho_\mathrm{s}\boldsymbol{g}+\beta(\boldsymbol{v}_\mathrm{g}-\boldsymbol{v}_\mathrm{s})$
	粘性応力テンソル	$\boldsymbol{\tau}_\mathrm{s}=(-\boldsymbol{P}_\mathrm{s}+\xi_\mathrm{s}\nabla\cdot v_\mathrm{s})\boldsymbol{I}+\mu_\mathrm{s}\bigl\{[\nabla\boldsymbol{v}_\mathrm{s}+(\nabla\boldsymbol{v}_\mathrm{s})^T]-\dfrac{2(\nabla\cdot\boldsymbol{v}_\mathrm{s})\boldsymbol{I}}{3}\bigr\}$
	固相変動エネルギー式	$\dfrac{3}{2}\left[\dfrac{\partial}{\partial t}(\varepsilon_\mathrm{s}\rho_\mathrm{s}\theta)+\nabla\cdot(\varepsilon_\mathrm{s}\rho_\mathrm{s}\theta)\boldsymbol{v}_\mathrm{s}\right]=(-\nabla p_\mathrm{s}\bar{\boldsymbol{I}}+\boldsymbol{\tau}_\mathrm{s}):$ $\nabla\boldsymbol{v}_\mathrm{s}+\nabla\cdot(k_\mathrm{s}\nabla\theta)-\gamma_\mathrm{s}+\phi_\mathrm{s}+\boldsymbol{D}_{gs}$
	衝突エネルギー散逸	$\gamma_\mathrm{s}=3(1-e^2)\varepsilon_\mathrm{s}{}^2\rho_\mathrm{s}g_0\theta\left(\dfrac{4}{d}\sqrt{\dfrac{\theta}{\pi}}-\nabla\cdot\boldsymbol{v}_\mathrm{s}\right)$
	動径分布関数	$g_0=\left[1-\left(\dfrac{\varepsilon_\mathrm{s}}{\varepsilon_{\mathrm{s,max}}}\right)^{1/3}\right]^{-1}$
	固体粒子圧力	$P_\mathrm{s}=\varepsilon_\mathrm{s}p_\mathrm{s}\theta\left[1+2g_0\varepsilon_\mathrm{s}(1+e)\right]$
	固相ずり粘性率	$\mu_\mathrm{s}=\dfrac{4}{5}\varepsilon_\mathrm{s}{}^2\rho_\mathrm{s}dg_0(1+e)\sqrt{\dfrac{\theta}{\pi}}+\dfrac{10\rho_\mathrm{s}d\sqrt{\pi\theta}}{96(1+e)\varepsilon_\mathrm{s}g_0}$ $\times\left[1+\dfrac{4}{5}g_0\varepsilon_\mathrm{s}(1+e)\right]^2$
	固相体積粘性率	$\xi_\mathrm{s}=\dfrac{4}{3}\varepsilon_\mathrm{s}{}^2 p_\mathrm{s}dg_0(1+e)\sqrt{\dfrac{\theta}{\pi}}$
	エネルギー消散率	$D_{gs}=\dfrac{d\rho_\mathrm{s}}{4\sqrt{\pi\theta}}\left(\dfrac{18\mu_\mathrm{g}}{d^2\rho_\mathrm{s}}\right)^2\lvert\boldsymbol{v}_\mathrm{s}-\boldsymbol{v}_\mathrm{s}\rvert^2$
	変動エネルギー交換項	$\phi_\mathrm{s}=-3\beta\theta$
	運動量交換係数	連続相の運動量交換係数と同じ

ことにする．DEM は Cundall と Struck により 1979 年に提案された手法である．彼らは，DEM を岩盤工学に使用したが，今日では，先に述べた通り粉体シミュレーションにも広く使われている．DEM は分野を問わず広く応用されており，Cundall と Struck の論文の引用数は，本書執筆時 (2011 年 9 月) にお

1.3 数値解析手法

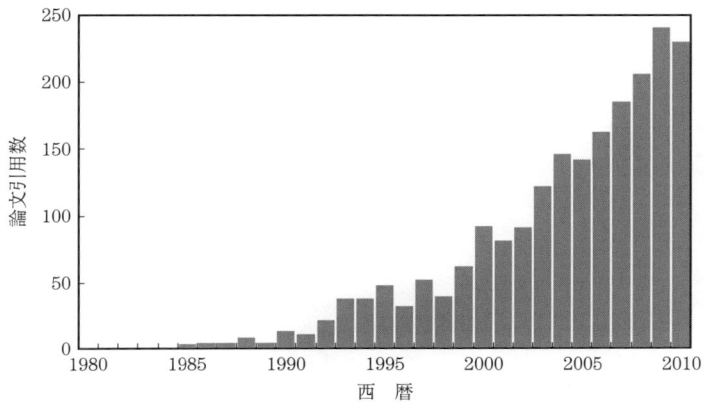

図 1.2　CundallとStrackが開発したDEMの論文の引用数

いて2700を超えている．また，図1.2に示すように，年が経つとともに引用数が増えていることから，彼らの研究のインパクトの大きさが伺える．DEMの詳細については，3章で詳しく述べる．

FEMDEMはMunjizaによって開発された比較的新しい手法で，その名前の通りDEMとFEMを結合したものである．FEMDEMでは，物体どうしの接触のモデル化をDEMで模擬し，固体粒子の変形をFEMで模擬するものである．FEMDEMでは，個々の固体粒子においてメッシュを用いるので，当然ながら，任意形状のモデル化が容易である．また，FEMDEMは，DEMでは直接計算することが困難であった粒子に作用する応力を直接計算することができるため，固体粒子の破壊を比較的容易に扱うこともできる．FEMDEMは固体粒子のひずみや応力を評価できるが，その一方で計算負荷が大きくなってしまう．したがって，現在のFEMDEMの応用は，比較的小規模な体系が対象となる．FEMDEMについて興味をもたれた読者は，開発者のMunjiza教授により執筆された書籍[8]が出版されているので，それを参考にされたい．また，Imperial College LondonのVigestグループが熱心にコード開発を進めている．Vigestが開発したFEMDEMのソースコードを無料でダウンロードすることができる．

不連続体の数値解析手法について，上記の他にもハードパーティクルモデ

ル[9,10]，不連続変形法 (Discontinuos Deformation Analysis: DDA)[11,12]，剛体ばねモデル (Rigid Body Spring Model)[13]などが開発されている．

1.4　シミュレーションの応用

　粉体シミュレーションの応用例はとても多いので，本書にはすべては載せられないが，機械工学，化学工学，土木工学，電気工学，環境・エネルギー工学，薬学，農学，分野における代表的な研究について述べる．

1.4.1　機械工学・化学工学

　機械工学や化学工学では，流動層 (fluidized bed)，粉体搬送 (conveying)，粉砕機 (mill) のような固体–流体連成問題[14–17]を対象とした数値解析が活発に行われている．流動層では，これまで比較的大きな球形の固体粒子 (この分野の専門用語でいうと，Geldart の粉体分類における Geldart B および D 粒子) を対象としたものが多い[18–26]．固体–流体練成問題では，多くの場合，球形粒子を使用するが，非球形粒子を対象とした流動層の数値解析[27]もなされている．Geldart B および D 粒子に比べて事例は少ないが，Geldart A 粒子とよばれる細粒子を対象とした数値解析[28–31]の研究も行われている．細粒子を対象とした数値解析では，付着力として，ファンデルワールス (van der Waals) 力を考慮するものが多い．また，乱流場における粉体のふるまいを模擬する数値解析もなされている[32–39]．気流搬送では，プラグの生成・移動速度[40]，粒子形状の影響評価[41]などに着目した研究がなされている．ビーズミルや湿式ボールミルなどの固液二相流体系の数値解析に関する研究[42,43]もなされている．また，材料加工の粉末成形プロセスにおいて，金型への粉の注入[44,45]を DEM で模擬する試みがなされている．

　スクリュー搬送，混合機などの複雑な形状を有する体系[46,47,49]において，流体力の影響を無視できる比較的大きな固体粒子のみを模擬する研究もなされている．また，微量の液相の存在を想定して，固体粒子間に液架橋力[49,50]を考慮した数値解析もなされている．

コロイドやナノパーティクルのような微粒子[51,52]を対象とした数値解析も行われている．微粒子の自己組織化や凝集挙動に関する研究が多くなされている．液中の微粒子の運動において，固体粒子間相互作用は DLVO (Derjaguin–Landau–Verway–Overbeck) 理論にもとづいて計算される．微粒子に作用する流体力が重要になる場合，埋込境界法[53-55]を導入して，潤滑力や凝集粒子の抗力などの流体力学的相互作用力を直接計算により求める．

1.4.2 土木工学

土木工学では，砂礫などを対象とした数値解析が DEM を用いてなされる．土石流，土砂崩れ，落石，などが典型的な応用事例[56,57]である．固体粒子の非球形効果[57-59]を導入した数値解析手法が提案されている．海岸工学の研究として，流体と土砂の相互作用に関する研究もなされている[60]．岩盤工学の研究として，複数の固体粒子をばねで結合してクラスターをつくり，クラスターの破壊の数値解析[56,61,62]もなされている．

1.4.3 電気工学

電気工学では，DEM を用いて電子写真システムのトナーなどを対象とした数値解析が多くなされている．現像プロセスにおける現像剤搬送プロセス[63]，現像プロセス[64,65]などにかかわる数値解析がなされている．これらの数値解析では，磁気相互作用力を考慮する．電子写真システムにおいてトナー粒子がかかわる伝熱に関する数値解析も行われている[66]．また，設計精度を高めるための帯電のモデル化が研究されている[67]．

1.4.4 環境・エネルギー工学

DEM は，リサイクルや原子力工学において活用されている．流動層を用いた産業廃棄物の乾式比重分離[68]および衝撃式粉砕機[69]に関する基礎研究も数値解析により行われている．原子力発電所で使用される原子燃料やリチウムイオン電池の電極は粉末成形体である．これらの粉末成形体は化学工学分野と同様に，粉体輸送・貯蔵 (transport and strage)，粉砕 (milling)，混合 (blending)[70]，

分離 (dispersion)[71]，篩 (sieving)，金型注入 (die filling) をはじめ，いくつかの粉体プロセスを経て粉末成形体に加工される．これまでに，DEM を用いて原子燃料の混合工程の安全評価に関する数値解析[72-75] がなされている．原子力発電所ではコンクリートが使用されるので，DEM を用いたコンクリートの性能評価に関する基礎研究[76]がなされている．ペブルベッドリアクターへの応用に関する研究[77,78]にも DEM が利用されている．

1.4.5 薬　　学

医薬品の分野においても様々な粉体プロセスがあり，粉体粒子の操作や処理がなされる[80]．このような製薬分野においても，前述の化学工学および環境・エネルギー工学分野と同様に，DEM をはじめいくつかの粉体シミュレーションを適用することができる．たとえば，粉体輸送・貯蔵，混合[81]，造粒 (granulation)，粉砕，圧縮 (compaction)，コーティング (coating)[82]，金型注入[83]，などが該当する．これらの粉体プロセスは，前述のものとほとんど同じであり，粉体工学が製薬分野に深くかかわっていることがわかる．

1.4.6 農　　学

農業分野においてもいくつかの粉体プロセスがあり，そのプロセスの現象把握や運転条件の検討に数値解析が導入されている[84,85]．農業土木という分野があり，土木工学と比較的共通性の高い研究が行われている．

1.5　なぜ DEM なのか?

前述の通り，DEM は様々な分野で活用されていることが示された．粉体シミュレーションの手法が多くあるにもかかわらず，DEM が実質的な標準になっているようにも見える．では，なぜ DEM がこのように多くの分野で使用されているのであろうか．これは，DEM がシンプルかつ様々な相互作用力を付加しやすい手法であることが大きな要因として考えられる．DEM は，後述するように，ニュートンの第 2 法則にもとづいて個々の粒子を計算する．個々の粒

子を計算するため，付着力のような粒子間相互作用力を比較的簡単に導入することができる．また，粉体工学では，粉体層において，静止状態と流動状態が入り交じった系を計算することが多い．DEM はこのような系を比較的容易に計算することができる．

1.6 おわりに

本章では，粉体と流体の運動方程式を示し，その挙動の違いを説明した．その後，既往の粉体シミュレーションで広く用いられている連続体モデルおよび不連続体モデルの概要を示した．さらに，粉体シミュレーションの産業界への応用事例について述べた．最後に，DEM の課題と現在の研究状況について述べよう．応用例で述べた通り，DEM の数値解析は，様々な分野に応用されており，一見，完成度の高い手法に見えるが，実際のところはそういうわけでもない．DEM の最も深刻な課題のひとつは計算粒子数の実質的な制限である．近年，64 ビットコンピュータが使用されるようになり，使用できるメモリアドレスの制限は解決された．他方，産業界で求められる粒子数 (10 億個程度) を現実的な時間で計算できるほど，計算機の性能が十分ではない．現状で，高性能のPC 1 台を使用して計算できる粒子数は数十万から数百万個である．このような粒子数の実質的な制限に対して大規模並列計算 (たとえば，文献 [86]) を行う試みがなされているが，まだ 10 億個にはほど遠い．これに対して，スケール則 (scaling law) にもとづく物理モデルにより複数の粉体粒子を大きなモデル粒子で計算する "DEM 粗視化モデル"[30, 31, 40] がある．DEM 粗視化モデルは，粗視化粒子とよばれるオリジナル粒子よりも大きなモデル粒子を使用して，オリジナル粒子群の挙動を計算するものである．粗視化粒子とそれに含まれるオリジナル粒子群は，エネルギーまたは相互作用力が一致するようにモデル化がなされており，接触力，流体力，付着力などを考慮することができる．本書では，DEM 粗視化モデルについてふれないが，興味がある読者は章末の文献を参照されたい．このように，計算上の固体粒子数の制限については，並列計算の導入や物理モデルの提案がなされている．

別の課題として，粒子形状のモデル化があげられる．DEM を用いた数値解析

では，多くの場合，球形粒子を使用する．これは，衝突判定が比較的容易にできるためである．球形粒子を使用して，DEMの数値解析を実行した場合，いったん転がりだした粒子は，それ以降ずっと転がり続けてしまう．このような回転における実現象に対する矛盾を解消するため，クラスターモデル[45]や回転抵抗モデルが提案されている．粒子形状のモデル化については，いまだ確立されたものがない．

そのほかにも，固気液三相問題の数値解析のように，数値計算の安定性および複雑な物理モデルの導入の困難とともに，計算負荷が大きくなることから，噴霧乾燥，浮選など，産業応用が広いにもかかわらず計算事例がきわめて少ない．このように，粉体シミュレーションにかかわる研究にはチャレンジングな問題が多く残されている．

文　献

[1] J. J. Monaghan, "An introduction to SPH," Comput. Phys. Commun. **48** (1988) 89–96.
[2] 越塚誠一，計算機レクチャーシリーズ 5，粒子法，丸善出版 (2005).
[3] D. Gidaspow, *Multiphase flow and fluidization continuum*, Academic Press (1994).
[4] F. Hernández-Jiménez , J. R. Third, A. Acosta-Iborra, C. R. Müller, "Comparison of bubble eruption models with two-fluid simulations in a 2D gas-fluidized bed," Chem. Eng. J. **171** (2011) 328–339.
[5] L. Yu, J. Lu, X. Zhang, S. Zhang, "Numerical simulation of the bubbling fluidized bed coal gasification by the kinetic theory of granular flow (KTGF)," Fuel **88** (2009) 826–833.
[6] J. Wang, "A review of Eulerian simulation of Geldart A particles in gas-fluidized beds," Ind. Eng. Chem. Res., **48** (2009) 5567–5577.
[7] P. A. Cundall, O. D. L. Strack, "A discrete numerical model for granular assembles," Geotechnique **29** (1979) 47–65.
[8] A. Munjiza, *The Combined Finite-Discrete Element Method*, Wiley (2004).
[9] P. Kosinski, A. C. Hoffman, "An extension of the hard-sphere particle-particle collision model to study aggregation," Chem. Eng. Sci. **65** (2010) 3231–3239.
[10] B. P. B. Hoomans, J. A. M. Kuipers, W. J. Briels, W. P. M. van Swaaij, "Discrete particle simulation of bubble and slug formation in a two-dimensional gas-fluidised bed: a hard-sphere approach," Chem. Eng. Sci. **51** (1996) 99–118.
[11] G. H. Shi, R. E. Goodman, "Two dimensional discontinuous deformation analysis," Int. J. Anal. Methods Geomech. **9** (1985) 541-556.
[12] 大西有三，佐々木猛，G. H. Shi，不連続性岩盤解析実用化研究会 編，不連続変形法 (DDA)，丸善出版 (2005).

[13] 川井忠彦, 固体力学の離散化極限解析, 生研セミナーテキスト, 生産技術研究奨励会 (1982).
[14] Y. Tsuji, "Multi-scale modeling of dense phase gas-particle flow," Chem. Eng. Sci. **62** (2007) 3410–3418.
[15] Y. Tsuji, "Activities in discrete particle simulation in Japan," Powder Technol. **113** (2000) 278–286.
[16] H. P. Zhu, Z. Y. Zhou, R. Y. Yang, A. B. Yu, "Discrete particle simulation of particulate systems: A review of major applications and findings," Chem. Eng. Sci. **63** (2008) 5728–5770.
[17] M. A. van der Hoef, M. van Sint Annaland, N. G. Deen, and J. A. M. Kuipers, "Numerical simulation of dense gas-solid fluidized beds: a multiscale modeling strategy," Ann. Rev. Fluid Mech. **40** (2008) 47–70.
[18] Y. Tsuji, T. Kawaguchi, T. Tanaka, "Discrete particle simulation of two-dimensional fluidized bed," Powder Technol. **77** (1993) 79–87.
[19] 川口寿裕, 田中敏嗣, 辻 裕, "離散要素法による流動層の数値シミュレーション：噴流層の場合", 日本機械学會論文集 B 編 **58** (1992) 2119–2125.
[20] T. Kawaguchi, T. Tanaka, Y. Tsuji, "Numerical simulation of two-dimensional fluidized beds using the discrete element method (comparison between the two- and three-dimensional models)," Powder Technol., **96** (1998) 129–138.
[21] B. H. Xu, A. B. Yu, "Numerical simulation of the gas–solid flow in a fluidized bed by combining discrete particle method with computational fluid dynamics," Chem. Eng. Sci. **52** (1997) 2785–2809.
[22] T. Kawaguchi, M. Sakamoto, T. Tanaka, Y. Tsuji, "Quasi-Three-Dimensional Numerical Simulation of Spouted Beds in Cylinder," Powder Technol., **109** (2000) 2–12.
[23] H. Takeuchi, H. Nakamura, T. Iwasaki, S. Watano, "Numerical modeling of fluid and particle behaviors in impact pulverizer," Powder Tech. **217** (2012) 148–156.
[24] M. Sakai, Y. Yamada, Y. Shigeto, K. Shibata, V. M. Kawasaki, S. Koshizuka, "Large-scale Discrete Element Modeling in a Fluidized Bed," Int. J. Num. Meth. Fluids, **64** (2010) 1319–1335.
[25] S. Yuu, T. Umekage, Y. Johno, "Numerical simulation of air and particle motions in bubbling fluidized bed of small particles," Powder Technol. **110** (2000) 158–168.
[26] T. Mikami, H. Kamiya, M. Horio, "Numerical simulation of cohesive powder behavior in a fluidized bed," Chem. Eng. Sci. **53** (1998) 1927–1940.
[27] J. E. Hilton, L. R. Mason, P. W. Cleary, "Dynamics of gas-solid fluidized beds with non-spherical particle geometry," Chem. Eng. Sci. **65** (2010) 1584–1596.
[28] M. Ye, M. A. van der Hoef, J. A. M. Kuipers, "A numerical study of fluidization behavior of Geldart A particles using a discrete particle model," Powder Technol. **139** (2004) 129–139.
[29] J. K. Pandit, X. S. Wang, M. J. Rhodes, "Study of Geldart's group A behaviour using the discrete element method simulation," Powder Technol. **160** (2005) 7–14.
[30] M. Sakai, H. Takahashi, C. C. Pain, J-P Latham, J. Xiang, "Study on a large-scale discrete element model for fine particles in a fluidized bed," Adv. Powder Technol. (in press).
[31] 酒井幹夫, 山田祥徳, 茂渡悠介, "付着力を考慮した DEM 粗視化モデルによる流動層の数値解析", 粉体工学会誌, **47** (2010) 522–530.

[32] H. Zhou, G. Flamant, D. Gauthier, "DEM-LES of coal combustion in a bubbling fluidized bed. Part I: gas-particle turbulent flow structure," Chem. Eng. Sci. **59** (2004) 4193–4203.

[33] 山本恭史, 田中敏嗣, 辻 裕, "鉛直チャネル内固気二相乱流の LES：粒子分布と乱れの空間構造", 日本機械学會論文集 B 編 **65** (1999) 1878–1885.

[34] 山本恭史, M. Potthoff, 田中敏嗣, 梶島岳夫, 辻 裕, "固気二相チャネル乱流の LES：粒子間衝突の影響", 日本機械学會論文集 B 編 **65** (1999) 166–173.

[35] Y. Yamamoto, M. Potthoff, T. Tanaka, T. Kajishima, Y. Tsuji, "Large-eddy simulation of turbulent gas-particle flow in a vertical channel: effect of considering inter-particle collisions", J. Fluid Mech. **442** (2001) 303–334.

[36] T. Kajishima, S. Takiguchi, H. Hamasaki, Y. Miyake, "Turbulence structure of particle-laden flow in a vertical plane channel due to vortex shedding," JSME Int. J. Ser. B **44** (2001) 526–535.

[37] N. Gui, J. R. Fan, K. Luo, "Estimation of Power during Dispersion in Stirred Media Mill by DEM-LES Simulation," Chem. Eng. Sci., **63** (2008) 3654–3663.

[38] A. S. Berrouk, C. L. Wu, "Large eddy simulation of dense two-phase flows: Comment on DEM-LES study of 3-D bubbling fluidized bed with immersed tubes," Chem. Eng. Sci. **65** (2010) 1902–1903.

[39] D. Nishiura, Y. Wakita, A. Shimosaka, Y. Shirakawa, J. Hidaka, "Estimation of Power during Dispersion in Stirred Media Mill by DEM-LES Simulation," J. Chem. Eng. Jpn. **43** (2010) 841–849.

[40] M. Sakai, S. Koshizuka, "Large-scale discrete element modeling in pneumatic conveying," Chem. Eng. Sci. **64** (2009) 533–539.

[41] J. E. Hilton, P. W. Cleary, "The influence of particle shape on flow modes in pneumatic conveying," Chem. Eng. Sci. **66** (2011) 231–240.

[42] 茂渡悠介, 酒井幹夫, 水谷 慎, 青木拓也, 斉藤拓巳, "自由液面を伴う固液混相流解析手法の開発", 混相流 **24** (2011) 681–688.

[43] 山田祥徳, 酒井幹夫, 水谷 慎, 孫 暁松, 野々上友也, 高橋公紀, "ラグランジュ的手法による円管内の固液混相流の数値解析", 粉体工学会誌 **48** (2011) 288–295.

[44] Y. Guo, C.-Y. Wu, K. D. Kafui, C. Thornton, "3D DEM/CFD analysis of size-induced segregation during die filling," Powder Technol. **206** (2011) 177–188.

[45] C. Bierwisch, T. Kraft, H. Riedel, M. Moseler, "Die filling optimization using three-dimensional discrete element modeling," Powder Technol. **196** (2009) 169–179.

[46] Y. Shigeto, M. Sakai, "Parallel computing of the discrete element method on multi-core processors," Particuology **9** (2011) 398–405.

[47] 六車嘉貢, 田中敏嗣, 川竹 了, 辻 裕, "離散要素法による固定翼付き容器回転型混合機の数値シミュレーション", 日本機械学會論文集 B 編 **62** (1996) 3335–3340.

[48] Y. Muguruma, T. Tanaka, S. Kawatake, Y. Tsuji, "Discrete particle simulation of a rotary vessel mixer with baffles," Powder Technol. **93** (1997) 261–266.

[49] P. Y. Liu, R. Y. Yang, A. B. Yu, "Dynamics of wet particles in rotating drums: Effect of liquid surface tension," Phys. Fluids **23** (2011) 013304.

[50] Y. Muguruma, T. Tanaka, S. Kawatake, Y. Tsuji, "Numerical Simulation of Particulate Flow with Liquid Bridge between Particles (Simulation of Centrifugal Tumbling Granulator)," Powder Technol. **109** (2000) 49–57.

[51] M. Fujita, Y. Yamaguchi, "Simulation model of concentrated colloidal nanopartic-

ulate flows," Phys. Rev. E **77** (2008) 026706.

[52] M. Fujita, Y. Yamaguchi, "Multiscale simulation method for self-organization of nanoparticles in dense suspension," J. Comput. Phys. **223** (2007) 108–120.

[53] T. Kajishima, S. Takiguchi, H. Hamasaki, Y. Miyake, "Turbulence structure of particle-laden flow in a vertical plane channel due to vortex shedding," JSME Int. J. Ser.B **44** (2001) 526–535.

[54] C. S. Peskin, "The immersed boundary method," Acta Numerica **11** (2003) 479–517.

[55] K. Luo, Z. Wang, J. Fan, "A modified immersed boundary method for simulations of fluid-particle interactions," Comput. Methods Appl. Mech. Engrg. **197** (2007) 36–46.

[56] 伯野元彦,破壊のシミュレーション,森北出版 (1997).

[57] P.W. Cleary, Large-scale industrial DEM modeling, Eng. Comput. **24** (2004) 169–204.

[58] T. Matsushima, J. Katagiri, K. Uesugi, A. Tsuchiyama, T. Nakano, "3D shape characterization and image-based DEM simulation of the lunar soil simulant FJS-1," J. Aero. Eng. **1** (2009) 15–23.

[59] X. Garcia, L.T. Akanji, M.J. Blunt, S.K. Matthai, J-P. Latham, "Numerical study of the effects of particle shape and polydispersity on permeability," Phys. Rev. E **80**, 021304 (2009).

[60] 後藤仁志,数値流砂水理学,森北出版 (2004).

[61] 土木学会 応用力学委員会 離散体の力学小委員会,個別要素法の基礎と応用,離散体の力学小委員会報告書.

[62] Y.P. Cheng, Y. Nakata, M.D. Bolton, "Discrete element simulation of crushable soil," Geotecnique **53** (2003) 633–641.

[63] 芹澤慎一郎, "個別要素法による電子写真用現像剤搬送過程の解析", 日本機械学會論文集 C 編, **64** (1998) 3571–3576.

[64] 中山信行,山田 怜,川本広行, "磁界中で形成される磁性粒子チェーンの動力学特性", 日本機械学会論文集 C 編 **68** (2002) 2627–2634.

[65] 中山信行,川本広行,山口 誠,W. Janjomsuke, "磁界中で形成される磁性粒子チェーンの静力学特性", 日本機械学会論文集 C 編 **68** (2002) 460–467.

[66] Pooya Azadi, Ning Yan, Ramin Farnood, "Discrete element modeling of the transient heat transfer and toner fusing process in the Xerographic printing of coated papers," Comput. Chem. Eng. **32** (2008) 3238–3245.

[67] M. Yoshida, A. Shimosaka, Y. Shirakawa, J. Hidaka, T. Matsuyama, H. Yamamoto, "Estimation of electrostatic charge distribution of flowing toner particles in contact with metals," Powder Technol. **135–136** (2003) 23–34.

[68] 所 千晴,岡屋克則,定木 淳,柴山 敦,劉 克俊,藤田豊久, "流動層を用いた乾式比重分離法に関する基礎的研究", 資源と素材 **120** (2004) 388–394.

[69] 網沢有輝,所 千晴,大和田秀二,酒井幹夫,村上進亮, "ドラム型衝撃式破砕機による基盤からの部品剥離機構の検討および DEM シミュレーション", 粉体工学会誌, **49** (2012) 201–209.

[70] H. Zhou, G. Mo, J. Zhao, K. Cen, "DEM–CFD simulation of the particle dispersion in a gas–solid two-phase flow for a fuel-rich/lean burner," Fuel **90** (2011) 1584–1590.

[71] F. Tian, M. Zhang, H. Fan, M. Gu, L. Wang, Y. Qi, "Numerical study on microscopic mixing characteristics in fluidized beds via DEM, Fuel Processing Technology, **88** (2007) 187–198.

[72] M. Sakai, K. Shibata, S. Koshizuka, "Development of a criticality evaluation method involving the granular flow of the nuclear fuel in a rotating drum," Nucl. Sci. Eng. **154** (2006) 63–73.

[73] M. Sakai, K. Shibata, S. Koshizuka, "Effect of nuclear fuel particle movement on nuclear criticality in a rotating cylindrical vessel," J. Nucl. Sci. Technol. **42** (2005) 267–274.

[74] M. Sakai, T. Yamamoto, M. Murazaki, Y. Miyoshi, "Development of a criticality evaluation method considering the particulate behavior of nuclear fuel," Nucl. Technol. **149** (2005) 141–149.

[75] M. Sakai, T. Yamamoto, M. Murazaki, Y. Miyoshi, "Effect of particulate behavior on criticality evaluation in agitating powder of nuclear fuel," Powder Technol. **148** (2004) 67–71.

[76] N. Kusano, T. Aoyagi, J. Aizawa, H. Ueno, H. Morikawa, N. Kobayashi, "Impulsive local damage analyses of concrete structure by the distinct element method," Nucl. Eng. Des. **138** (1992) 105–110.

[77] Z. An, A. Ying, M. Abdou, "Numerical characterization of thermo-mechanical performance of breeder pebble beds," J. Nucl. Mater., B **367–370** (2007) 1393–1397.

[78] M. N. Mitchell, A. G. Polson, "Assessment of the loads on a solid centre reflector of a Pebble Bed Reactor using DEM techniques," Nucl. Eng. Des. **237** (2007) 1332–1340.

[79] S. Li, J. S. Marshall, G. Liu, Q. Yao, "Adhesive particulate flow: The discrete-element method and its application in energy and environmental engineering," Progress in Energy and Combustion Science **37** (2011) 633–668.

[80] W. R. Ketterhagen, M. T. A. Ende, B. C. Hancock, "Process modeling in the pharmaceutical industry using the discrete element method," J. Pharm. Sci. **98** (2009) 442–470.

[81] H. Nakamura, Y. Miyazaki, Y. Sato, T. Iwasaki, S. Watano, "Numerical analysis of similarities of particle behavior in high shear mixer granulators with different vessel sizes," Advanced Powder Technolo. **20** (2009) 493–501.

[82] D. Suzzi, G. Toschkoff, S. Radl, D. Machold, S. D. Fraser, B. J. Glasser, J. G. Khinast, "DEM simulation of continuous tablet coating: Effects of tablet shape and fill level on inter-tablet coating variability," Chem. Eng. Sci. **69** (2012) 107–121.

[83] C-Y. Wu, "DEM simulations of die filling during pharmaceutical tabletting," Particuology **6** (2008) 412–418.

[84] E. Tijskens, H. Ramon, J. De Baerdemaeker, "Discrete element modelling for process simulation in agriculture," J. Sound and Vibration. **156** (2005) 195–212.

[85] H. Landry, C. Lague, M. Roberge, "Discrete element modelling for process simulation in agriculture," Comput. Elec. Agric. **52** (2006) 90–106.

[86] F. Chen, W. Ge, L. Guo, X. He, B. Li, J. Li, X. Li, X. Wang, "Multi-scale HPC system for multi-scale discrete simulation —Development and application of a supercomputer with 1 Petaflops peak performance in single precision," Particuology **7** (2009) 332–335.

2 離散要素法の基礎

2.1 は じ め に

本章では，粉体シミュレーション手法の中で最も広く用いられている離散要素法 (Discrete Element Method; 以下，DEM と記す) について詳しく述べる．基礎式 (governing equation)，弾性力 (elastic force)，粘性減衰 (energy dissipation) および摩擦力 (frictional force) のモデル化，隣接粒子探索方法 (searching the neighbor particles) をはじめとするアルゴリズム，安定解析方法について説明する．ここでは，説明を簡単にするために，粒子の形状を球形とする．

2.2 基　礎　式

固体粒子の運動に関する基礎式を説明しよう．固体粒子の並進運動 (translational motion) および回転運動 (rotational motion) は，それぞれ，

$$m_\mathrm{s} \boldsymbol{a}_\mathrm{s} = \sum \boldsymbol{F}_{\mathrm{C}_\mathrm{s}} + \boldsymbol{F}_{\mathrm{g}_\mathrm{s}} \tag{2.1}$$

$$\dot{\boldsymbol{\omega}}_\mathrm{s} = \frac{\sum \boldsymbol{T}_\mathrm{s}}{I_\mathrm{s}} \tag{2.2}$$

のように表される.ここで,m_s,$\bm{a}_s$,$\bm{F}_{C_s}$,$\bm{F}_{g_s}$,$\bm{\omega}_s$,$\bm{T}_s$ および I_s は,それぞれ,固体粒子の質量,固体粒子の加速度,固体粒子に作用する接触力 (contact force),重力,角速度,トルクおよび慣性モーメント (momentum of inetia) である.これらの式中において,太字はベクトル,ドット (·) は微分を意味する.以後,断らずにこの表記を使用する.式 (2.1) および (2.2) において,$\sum$ の記号で表されているのは,ある固体粒子が複数の固体粒子と接触したときに,接触した固体粒子すべてを考慮して接触力およびトルクを算定することを意味する.

固体粒子の接触力の算定について,図 2.1 を使って説明しよう.固体粒子 i のまわりに,固体粒子 j_1 から j_5 が存在する.固体粒子 j_1 から j_5 のうち,固体粒子 i は j_1,j_3 および j_5 と接している.固体粒子 j_1,j_3 および j_5 と接触した際の固体粒子 i に作用する接触力は,固体粒子 i を基準にした 2 体衝突の和,すなわち,固体粒子 i–固体粒子 j_1,固体粒子 i–固体粒子 j_3 および固体粒子 i–固体粒子 j_5 の接触力を足し合せにより求められる.固体粒子が壁面と接触する場合も同様の手順で行われる.

接触力の意味を理解することはできたが,DEM では実際にどのようにして接触力を求めるのか.DEM では,接触力の算定にあたり,固体粒子は変形しない剛体 (rigid body) ではあるが,固体粒子どうしのオーバーラップ (重なり) を許容する (図 2.2).そのオーバーラップを変位 (displacement) の法線方向成分として,それをばね定数と掛け合わせることにより,弾性力を模擬する.粘性消散および摩擦には,ダッシュポットおよびフリクションスライダーを使用

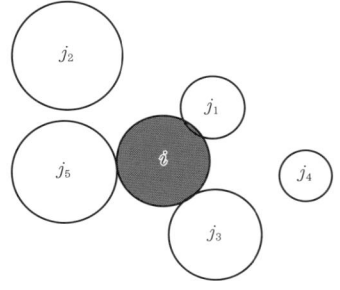

図 2.1 固体粒子 i とその隣接粒子

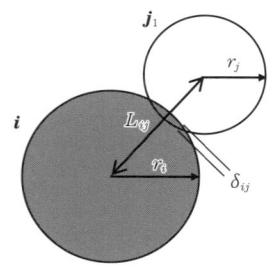

図 2.2 固体粒子 i と j_1 の 2 体衝突

する．次節において，弾性力，粘性消散および摩擦力のモデル化について詳しく述べる．

2.3 DEM

2.3.1 弾　性　力

　前述の式 (2.1) の弾性力を DEM でモデル化することを考えよう．繰り返しになるが，固体粒子を変形しないと仮定，すなわち，剛体として扱う．ただし，図 2.2 に示したように，粒子どうしが衝突した際には，弾性力を計算するために，粒子どうしのオーバーラップを許容する．本図では，わかりやすく説明するため，固体粒子 i と j_1 のみを示した．先に述べたように，固体粒子 i に接触した固体粒子すべてを考慮して弾性力を求める．弾性力のモデルには，線形ばねモデルと非線形ばねモデルの 2 種類がある．以下に，線形ばねモデルと非線形ばねモデルについて説明する．

a.　線形ばね　　DEM では，固体粒子どうしが衝突した際には，固体粒子間に生成されるオーバーラップを変位の法線方向成分として考え，弾性力を計算する．高校物理で学習したように，弾性力はばね定数と変位の積で表される．変位が粒子直径に比べて微小であることを仮定できれば，線形ばね (linear spring) を使用して弾性力を近似して求めることができる．これは，いわゆる，フックの法則 (Hooke's law) である．まず，説明を簡単にするため，1 次元体系で線形ばねを使用した弾性力を説明しよう．線形ばねを使用した弾性力は，

$$F_\mathrm{e} = -k_\mathrm{L} \delta \tag{2.3}$$

のように与えられる．固体粒子 i が j に接触したときの変位 δ は，

$$\delta = L_{ij} - (r_i + r_j) \tag{2.4}$$

ここで，L_{ij} は固体粒子 i および j の重心間距離であり，固体粒子 i および j の重心座標を，それぞれ，x_{s_i} および x_{s_j} とすると，

$$L_{ij} = |x_{\mathrm{s}_i} - x_{\mathrm{s}_j}| \tag{2.5}$$

である.

DEM では，線形ばねにおける k の値は，固体粒子の物性値にもとづいて決めるべきであるが，経験にもとづく値を使用することが多い．ばね定数の値の決め方について，過去の研究において，粒子直径に対するオーバーラップ値が，0.1～1%程度[1]に設定すると粉体の挙動を適切に模擬できることが報告されている．他方，固気混相流の場合，注目する現象の再現性を確認して実際の物性にもとづくばね定数よりも極端に小さな値を使用することもある (この場合，オーバーラップは 1% 以上になる可能性がある)．固気混相流の中でも流動層のように，固体粒子に作用する抗力が，他の相互作用力に比べて大きな場合，このような軟らかいばねを使用しても粉体層の挙動にほとんど影響を与えないことが数値実験[2]により示されている．

b. 非線形ばね 　非線形ばね (non-linear spring) は，ヘルツの接触理論 (Hertzian contact theory) にもとづいてモデル化がなされる．弾性論の背景は，専門書[3]に譲るとして，非線形ばねの概要を 1 次元体系において説明する．

ヘルツの弾性理論によると，2 つの固体粒子が法線方向に力 F を受けるとき，その固体粒子は接触面で変位とともに，半径 a の円形の接触平面が生じる．接触領域における圧力分布は，

$$p = p_0 \left[1 - \left(\frac{\sigma^2}{a^2} \right) \right]^{1/2} \qquad (2.6)$$

のように与えられる．ここで，p_0，σ および a は，それぞれ，接触面における圧力の最大値，接触面における径方向距離および接触面の半径である．p_0 は，

$$p_0 = \frac{3F}{2\pi a^2} \qquad (2.7)$$

のように与えられる．接触面の半径 a は，

$$a = \left(\frac{3F r^*}{4 E_s^*} \right)^{1/3} \qquad (2.8)$$

のように与えられる．ここで，r^* および E_s^* は，それぞれ，

$$\frac{1}{r^*} = \frac{1}{r_i} + \frac{1}{r_j} \qquad (2.9)$$

$$\frac{1}{E_s^*} = \frac{1 - \nu_{s_i}^2}{E_{s_i}} + \frac{1 - \nu_{s_j}^2}{E_{s_j}} \qquad (2.10)$$

のように与えられる．ν および E_{s} は，固体粒子の物性値のポアソン比 (Poisson ratio) およびヤング率 (Young's modulus) である．

変位の法線方向成分は，

$$\delta = \left(\frac{9F^2}{16r^* E_{\mathrm{s}}{}^2} \right)^{1/3} \tag{2.11}$$

のように与えられる．

これより，非線形ばねを用いた弾性力は，ばね定数と変位を用いて，

$$F_{\mathrm{e}} = k_{\mathrm{NL}} \delta^{3/2} \tag{2.12}$$

のように与えられる．非線形ばねは

$$k_{\mathrm{NL}} = \frac{4}{3} \sqrt{r^*} E_{\mathrm{s}}^* \tag{2.13}$$

のように与えられる．

式 (2.9)〜(2.13) より，たとえば，物性と大きさが同じ 2 つの球形粒子が接触する際のばね定数は，

$$k_{\mathrm{NL}} = \frac{\sqrt{2r} E_{\mathrm{s}}}{3(1 - \nu_{\mathrm{s}}{}^2)} \tag{2.14}$$

のようになる．非線形ばねでは弾性力の算定にあたり形状を考慮しているので，線形ばねを使用したものとは異なり，固体粒子と壁間の接触は固体粒子どうしのものを使用できない．非線形ばねを用いた際の固体粒子 s と壁面 w との接触は，式 (2.9) において，i を固体粒子，j を壁面として，さらに $r_j \to \infty$ とする．その結果，ばね定数は，

$$k_{\mathrm{NL}} = \frac{\dfrac{4\sqrt{r}}{3}}{\dfrac{1 - \sigma_{\mathrm{s}}{}^2}{E_{\mathrm{s}}} + \dfrac{1 - \sigma_{\mathrm{w}}{}^2}{E_{\mathrm{w}}}} \tag{2.15}$$

のように表される．

2.3.2 フォークトモデル

DEM における固体粒子に作用する接触力は，弾性力と粘性減衰の足し合わせであり，図 2.3 に示すようなフォークトモデル (Voigt model) で表される．

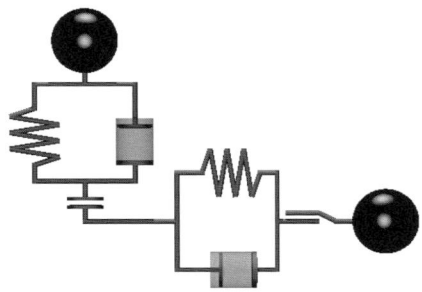

図 2.3 フォークトモデル

弾性力および粘性減衰力は，それぞれ，ばねおよびダッシュポットで模擬され，これらは並列に設置される．

接触力は法線方向成分 (normal component) と接線方向成分 (tangential component) に分けられる．接触力の算定には，物性値であるばね定数および粘性減衰係数のほかに，変位と相対速度が必要になる．

a. 線形ばね まず，線形ばねを使用したフォークトモデルについて説明しよう．固体粒子の重心位置ベクトル，速度および角速度を，それぞれ，$\boldsymbol{x}$，$\boldsymbol{v}$ および $\boldsymbol{\omega}$ とする．固体粒子 i と j の 2 体衝突を考えよう．

接触力の法線方向成分は，

$$\boldsymbol{F}_{C_n} = -k_n \boldsymbol{\delta}_{n_{ij}} - \eta_n \boldsymbol{v}_{n_{ij}} \tag{2.16}$$

のように与えられる．k_n および η_n は，それぞれ，ばね定数および粘性減衰係数 (damping coefficient) の法線方向成分である．$\boldsymbol{\delta}_{n_{ij}}$ および $\boldsymbol{v}_{n_{ij}}$ は，固体粒子 i および j 間の変位および相対速度の法線方向成分であり，それぞれ，

$$\boldsymbol{\delta}_{n_{ij}} = [L_{ij} - (r_i + r_j)] \boldsymbol{n}_{ij} \tag{2.17}$$

$$\boldsymbol{v}_{n_{ij}} = [(\boldsymbol{v}_i - \boldsymbol{v}_j) \cdot \boldsymbol{n}_{ij}] \boldsymbol{n}_{ij} \tag{2.18}$$

のように与えられる．ここで，$\boldsymbol{n}_{ij}$ は固体粒子 i と j が接触したときの固体粒子表面における法線ベクトルであり，

$$\boldsymbol{n}_{ij} = \frac{\boldsymbol{x}_i - \boldsymbol{x}_j}{|\boldsymbol{x}_i - \boldsymbol{x}_j|} \tag{2.19}$$

のように与えられる．L_{ij} は固体粒子 i および j の重心間距離であり，固体粒子 i および j の重心座標を，それぞれ，$(x_{s_i}, y_{s_i}, z_{s_i})$ および $(x_{s_j}, y_{s_j}, z_{s_j})$ とすると，

$$L_{ij} = \sqrt{(x_{s_i} - x_{s_j})^2 + (y_{s_i} - y_{s_j})^2 + (z_{s_i} - z_{s_j})^2} \tag{2.20}$$

のように表される．

固体粒子 i が壁に接触したときの変位 δ は，点と面の距離公式から，固体粒子 i の重心座標 $(x_{s_i}, y_{s_i}, z_{s_i})$ と壁面との距離を求め，固体粒子の半径を差し引くことにより，すなわち，

$$\delta = \frac{|ax_{s_i} + by_{s_i} + cz_{s_i} + d|}{\sqrt{a^2 + b^2 + c^2}} - r_i \tag{2.21}$$

のように表される．ただし，壁面は，

$$ax + by + cz + d = 0 \tag{2.22}$$

として与えた．なお，線形ばねを使用する場合，固体粒子どうしおよび固体粒子–壁の接触を同じ式を用いて模擬する．

粘性減衰はダッシュポットを用いてモデル化する．ダッシュポットは固体粒子間の接触および衝突により，エネルギー減衰する現象を模擬したものである．粘性減衰係数は，衝突の反復によるエネルギー減衰を想定し，反発係数 (coefficient of restituition) e と関連づけて，

$$\eta_n = -2\ln e \sqrt{\frac{m_s k_n}{\pi^2 + (\ln e)^2}} \tag{2.23}$$

のように与えられる．粒径分布がある体系では，式 (2.23) の m_s のかわりに，換算質量 m_s^* を使用し，

$$\eta_n = -2\ln e \sqrt{\frac{m_s^* k_n}{\pi^2 + (\ln e)^2}} \tag{2.24}$$

のように与える．たとえば，質量の異なる固体粒子 i および j の 2 体衝突では，それぞれの質量を m_{s_i} および m_{s_j} とすると，m_s^* は

$$m_s^* = \frac{m_{s_i} m_{s_j}}{m_{s_i} + m_{s_j}} \tag{2.25}$$

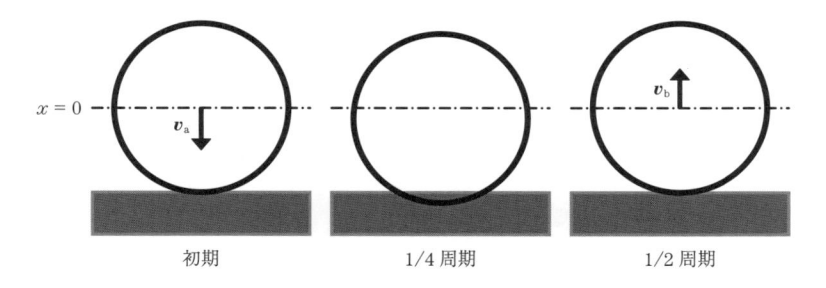

図 2.4 　固体粒子の反跳

のように与えられる．

式 (2.23) の粘性減衰係数は，一般的な機械力学 (たとえば，文献 [4]) を参考にすれば導出できる．粘性減衰係数の導出を簡単にふれておこう．図 2.4 に示すような固体粒子と壁の衝突は，ばね–ダンパ減衰振動体系の運動方程式により与えられ，

$$m_s \ddot{x}_s + k x_s + \eta \dot{x}_s = 0 \tag{2.26}$$

のように表される．この運動方程式の解は，初期条件において，$t=0$ で $x=0$ および $\dot{x} = v_a$ とすると，

$$x_s = \frac{v_a}{\Gamma} \sin(\Gamma t) \exp\left(-\frac{\eta}{2m_s} t\right) \tag{2.27}$$

と与えられる．ここで，Γ は，

$$\Gamma = \sqrt{\frac{k^2}{m_s{}^2} - \frac{\eta^2}{4m_s{}^2}} \tag{2.28}$$

である．反発係数は，反発前後の固体粒子の速度をそれぞれ，v_a および v_b とすると，

$$e = -\frac{v_b}{v_a} \tag{2.29}$$

のように与えられる．図 2.4 に示すように，壁面と接触してから半周期後に，固体粒子は壁面から離れる．v_b は式 (2.27) を微分し，さらに半周期となる $t = \pi/\Gamma$ を代入することにより得られ，

$$v_b = v_a \exp\left(-\frac{\eta \pi}{2 m_s \Gamma}\right) \tag{2.30}$$

のように与えられる．これより，式 (2.30) は，

$$e = -\frac{v_{\rm b}}{v_{\rm a}} = \exp\left(-\frac{\eta\pi}{2m_{\rm s}\varGamma}\right) \tag{2.31}$$

となる．これを整理して左辺を η のみで表すと式 (2.23) が得られる．

接触力の接線方向成分の算定には，垂直方向成分と同様に，物性値であるばね定数および粘性減衰係数の他に，変位と相対速度の垂直方向成分が必要になる．固体粒子表面において滑りがない場合の接触力の接線方向成分は，

$$\boldsymbol{F}_{\rm C_t} = -k_{\rm t}\boldsymbol{\delta}_{{\rm t}_{ij}} - \eta_{\rm t}\boldsymbol{v}_{{\rm t}_{ij}} \tag{2.32}$$

のように与えられる．$k_{\rm t}$ および $\eta_{\rm t}$ は，それぞれ，ばね定数および粘性減衰係数の接線方向成分である．$\boldsymbol{\delta}_{{\rm t}_{ij}}$ および $\boldsymbol{v}_{{\rm t}_{ij}}$ は，固体粒子 i および j 間の変位および相対速度の接線方向成分である．

変位ベクトルの接線方向成分は，

$$\boldsymbol{\delta}_t = \int_{t_{\rm start}}^{t_{\rm end}} \boldsymbol{v}_{\rm t}\,{\rm d}t \tag{2.33}$$

のように与えられ，接線方向の変位は，固体粒子 i が固体粒子 j に接触した直後 ($t_{\rm start}$) から離れる ($t_{\rm end}$) までの間，相対速度の接線方向成分に時間刻みを掛け合わせて積算する (図 2.5)．変位および速度を離散化表記し，これを具体的に示すと，

$$\boldsymbol{\delta}_{{\rm t}_{ij}}^n = \left|\boldsymbol{\delta}_{{\rm t}_{ij}}^{n-1}\right|\boldsymbol{t}_{ij} + \boldsymbol{v}_{\rm t}^n\Delta t \tag{2.34}$$

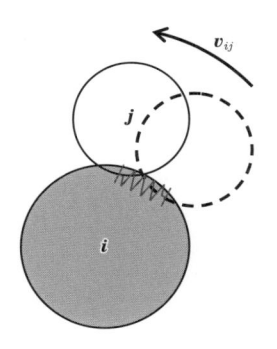

図 2.5　変位ベクトルの接線成分

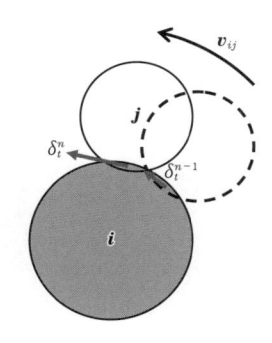

図 2.6　接触面における変位ベクトル

となる．式 (2.34) における右辺第 1 項は，接触面における変位の接線方向成分の変化に対応したものである (図 2.6)．接線ベクトルは，たとえば，

$$
\boldsymbol{t}_{ij} = \begin{cases} \dfrac{\boldsymbol{\delta}_{\mathrm{t}}^{n-1}}{|\boldsymbol{\delta}_{\mathrm{t}}^{n-1}|} & (\boldsymbol{v}_{\mathrm{t}_{ij}} = 0) \\ \dfrac{\boldsymbol{v}_{\mathrm{t}_{ij}}^{n}}{|\boldsymbol{v}_{\mathrm{t}_{ij}}^{n}|} & (\boldsymbol{v}_{\mathrm{t}_{ij}} \neq 0) \end{cases} \tag{2.35}
$$

のように与えられる．$\boldsymbol{v}_{\mathrm{t}_{ij}}$ は，固体粒子 i–j 間の並進運動に関する相対速度である．相対速度の接線方向成分は，

$$
\boldsymbol{v}_{\mathrm{t}} = \boldsymbol{v}_{\mathrm{t}_{ij}} - (\boldsymbol{v}_{\mathrm{t}_{ij}} \cdot \boldsymbol{n}_{ij})\boldsymbol{n}_{ij} + (r_i \boldsymbol{\omega}_i + r_j \boldsymbol{\omega}_j) \times \boldsymbol{n}_{ij} \tag{2.36}
$$

のように与えられる．つまり，相対速度ベクトルからその法線方向成分を引くことにより，相対速度の接線方向成分を求める．粘性減衰力は，法線方向成分と同様にダッシュポットを用いてモデル化する．既往の研究では，粘性減衰係数の法線方向と接線方向とで等しいと仮定する，すなわち，$\eta_{\mathrm{t}} = \eta_{\mathrm{n}}$ とすることが多い．

固体粒子表面において滑りが生じる場合，すなわち，$|\boldsymbol{F}_{\mathrm{C}_{\mathrm{t}}}| > \mu |\boldsymbol{F}_{\mathrm{C}_{\mathrm{n}}}|$ となるとき，接触力の接線方向成分は，

$$
\boldsymbol{F}_{\mathrm{C}_{\mathrm{t}}} = -\mu |\boldsymbol{F}_{\mathrm{C}_{\mathrm{n}}}| \boldsymbol{t}_{ij} \tag{2.37}
$$

のように表される．ここで，$\boldsymbol{t}_{ij}$ および μ は，それぞれ，接線ベクトルおよび摩擦係数である．接線ベクトルには，式 (2.35) を使用する．固体粒子表面で滑りが発生する場合，変位は滑りが発生する以前のものから変化しない．そのため，変位ベクトル $\boldsymbol{\delta}_{ij}$ に，

$$
\boldsymbol{\delta}_{\mathrm{t}_{ij}}^{n} = \frac{\boldsymbol{F}_{\mathrm{C}_{\mathrm{t}}}}{k_{\mathrm{t}}} \tag{2.38}
$$

もしくは，式 (2.34) の $\delta_{\mathrm{t}_{ij}}^{n}$ に対して，

$$
\boldsymbol{\delta}_{\mathrm{t}_{ij}}^{n} = \boldsymbol{\delta}_{\mathrm{t}_{ij}}^{n} - \boldsymbol{v}_{\mathrm{t}_{ij}}^{n} \Delta t \tag{2.39}
$$

の条件が加わる．ただし，式 (2.38) 中の $\boldsymbol{F}_{\mathrm{C}_{\mathrm{t}}}$ には式 (2.37) を使用する．

接触力の計算が終わった後，固体粒子の回転運動を計算する．固体粒子 i のトルクは，固体粒子から接触点までの位置ベクトルと固体粒子の接触力の接線

方向成分 $\boldsymbol{F}_{C_t}$ の外積であり，

$$\boldsymbol{T}_\mathrm{s} = \sum_j \boldsymbol{r}_i \times \boldsymbol{F}_{C_{t_{ij}}} \tag{2.40}$$

のように表される．

b. 非線形ばね　　非線形ばねを使用した接触力のモデル化についても，線形ばねと同様の手順で説明する．

接触力の法線方向成分は，ヘルツの弾性理論にもとづいてモデル化され，

$$\boldsymbol{F}_{C_\mathrm{n}} = -k_\mathrm{n} \boldsymbol{\delta}_{\mathrm{n}_{ij}}{}^{3/2} - \eta_n \boldsymbol{v}_\mathrm{n} \tag{2.41}$$

のように与えられる．ばね定数 k_n は，前述のように，固体粒子どうしおよび固体粒子–壁間の接触において，それぞれ，

$$k_\mathrm{n} = \frac{\sqrt{2r^*}E_\mathrm{s}^*}{3(1-\nu_\mathrm{s}^2)} \tag{2.42}$$

$$k_\mathrm{n} = \frac{\dfrac{4\sqrt{r}}{3}}{\dfrac{1-\sigma_\mathrm{s}^2}{E_\mathrm{s}} + \dfrac{1-\sigma_\mathrm{w}^2}{E_\mathrm{w}}} \tag{2.43}$$

のように与える．ここで，E_w および σ_w は，壁のヤング率およびポアソン比である．粘性減衰係数 η_n は，

$$\eta_\mathrm{n} = \alpha\sqrt{m_\mathrm{s} k_n} \delta_{\mathrm{n}_{ij}}^{1/4} \tag{2.44}$$

を用いることが多い．ここで，α は粘性減衰係数の大きさを決める無次元数である．文献 [5] の中で，式 (2.44) はヒューリスティック (heuristic) に取得したことが書かれている．これは，式 (2.41) を

$$\boldsymbol{F}_{C_\mathrm{n}} = -k_\mathrm{n} \boldsymbol{\delta}_{\mathrm{n}_{ij}} - \eta_n \boldsymbol{v}_\mathrm{n} \tag{2.45}$$

のように変形するとともに，ばね定数を

$$k_\mathrm{n} = \frac{\sqrt{2r^*}E_\mathrm{s}}{3(1-\nu_\mathrm{s}^2)} \boldsymbol{\delta}_{\mathrm{n}_{ij}}^{1/2} \tag{2.46}$$

として，線形ばねと同様の手順で η を導くと理解しやすい．α に適切な値を設定しないと e が式 (2.31) を満たさなくなってしまう．したがって，非線形ばね

を用いた体系においては，式 (2.31) を満たすために経験的に α を決める必要がある．経験的とは，α の値はヤング率やポアソン比の設定値にもとづいて決める必要があるという意味である．α の値は一義的に決められず，数値実験により求める必要があるので，ここではあえてその値を示さない．

次に，接触力の接線方向成分について述べる．接触力の接線方向成分は，

$$\boldsymbol{F}_{\mathrm{C_t}} = -k_t \boldsymbol{\delta}_{\mathrm{t}_{ij}} - \eta_t \boldsymbol{v}_t \tag{2.47}$$

のように与えられる．ばね定数 k_t は，Mindlin[6]の研究にもとづいて，固体粒子どうし (p–p) および固体粒子–壁 (p–w) 間において，それぞれ，

$$k_t^{\mathrm{p-p}} = \frac{2\sqrt{2r^*}G_{\mathrm{s}}}{2-\nu_{\mathrm{s}}} \delta_{\mathrm{n}_{ij}}^{1/2} \tag{2.48}$$

$$k_t^{\mathrm{p-w}} = \frac{8\sqrt{r^*}G_{\mathrm{s}}}{2-\nu_{\mathrm{s}}} \delta_{\mathrm{n}_{ij}}^{1/2} \tag{2.49}$$

のように与える．ここで，G_{s} は固体粒子の縦弾性係数である．縦弾性係数は，

$$G_{\mathrm{s}} = \frac{E}{1+\nu_{\mathrm{s}}} \tag{2.50}$$

のように与えられる．粘性減衰力は，法線方向成分と同様にダッシュポットを用いてモデル化する．既往の研究では，非線形ばねの場合も線形ばねと同様に，$\eta_t = \eta_n$ とすることが多い．

固体粒子表面において滑りが生じる場合，すなわち，$|\boldsymbol{F}_{\mathrm{C_t}}| > \mu |\boldsymbol{F}_{\mathrm{C_n}}|$ となるとき，接触力の接線方向成分は，

$$\boldsymbol{F}_{\mathrm{C_t}} = -\mu |\boldsymbol{F}_{\mathrm{C_n}}| \boldsymbol{t}_{ij} \tag{2.51}$$

のように表される．

非線形ばねを用いたトルクの計算に関しては線形ばねのものと同じであり，式 (2.41) で与えられる．

2.4 隣接粒子探索の効率化

DEM において，任意の固体粒子 i がどの固体粒子と接触しているのかをしらべるプロセス，すなわち，隣接粒子探索 (contact search) が最も計算時間を

要する．そのため，隣接粒子探索プロセスを効率よく計算することが望まれる．隣接粒子探索において何も工夫をしないと，1 ステップあたり，$N(N-1)/2$ 通りの衝突判定を行うことになる．この場合，衝突しない固体粒子まで探索を行っていることになり，計算粒子数が増えるにつれて非効率になっていく．

隣接粒子探索の効率化のために広く行われている手法の 1 つに，ボックスによる空間分割 (boxing) がある．2 次元または 3 次元体系で使用するボックスは正方形または立方体である．このようなボックスは，衝突判定格子とよばれており，DEM の隣接粒子探索の効率化において最もオーソドックスな手法である．ここでは，衝突判定格子を用いた隣接粒子探索について詳しく述べよう．図 2.7 に固体粒子の空間配置とそのボックスによる空間分割を示す．すべての固体粒子が，いずれかのボックスに登録される．各ボックスにはリストが設けられており，固体粒子の番号が順番に登録されていく．

隣接粒子探索ボックスの個数と大きさについて説明する．たとえば，解析領域が原点を基準に設置されており，その寸法が $D_x \times D_y \times D_z$ で，固体粒子の直径が d_s (均一) の場合，x 方向，y 方向および z 方向のボックスの個数は，

$$\left.\begin{aligned} N_x &= \mathrm{int}\,(D_x/d_\mathrm{s}) \\ N_y &= \mathrm{int}\,(D_y/d_\mathrm{s}) \\ N_z &= \mathrm{int}\,(D_z/d_\mathrm{s}) \end{aligned}\right\} \tag{2.52}$$

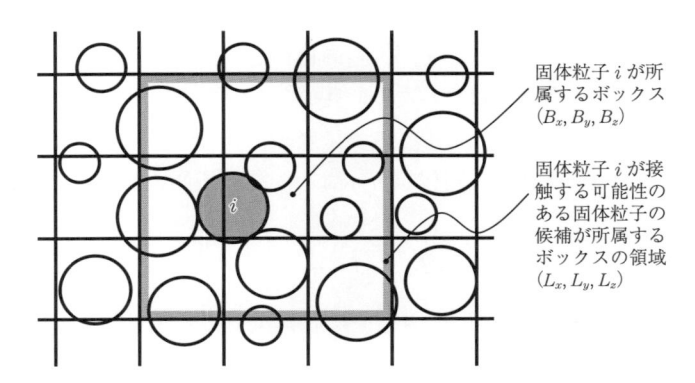

図 2.7 固体粒子の配置とボックスによる空間分割

のように与えられる．ボックスの数を決めた後，x 方向，y 方向および z 方向のボックスの大きさを

$$\left.\begin{array}{l} \delta_x = D_x/N_x \\ \delta_y = D_y/N_y \\ \delta_z = D_z/N_z \end{array}\right\} \tag{2.53}$$

のように設定する．各ボックスにおいて，登録された固体粒子のリストを作成できるようにする．いま，固体粒子 i の重心の位置ベクトルを $(x_{s_i}, y_{s_i}, z_{s_i})$ とすると，

$$\left.\begin{array}{l} B_x = \text{int}\,(x_{s_i}/\delta_x) + 1 \\ B_y = \text{int}\,(y_{s_i}/\delta_y) + 1 \\ B_z = \text{int}\,(z_{s_i}/\delta_z) + 1 \end{array}\right\} \tag{2.54}$$

のボックスに登録される．よって，固体粒子 i の隣接粒子の探索範囲 (L_x, L_y, L_z) は，

$$\left.\begin{array}{l} B_x - 1 \leq L_x \leq B_x + 1 \\ B_y - 1 \leq L_y \leq B_y + 1 \\ B_z - 1 \leq L_z \leq B_z + 1 \end{array}\right\} \tag{2.55}$$

となる．これは，図 2.7 の枠で囲まれた領域である．たとえば 3 次元体系では，ある粒子 i と接触している可能性のある固体粒子は，粒子 i を含む格子とそれに隣接する格子の合計 $3^3 = 27$ 格子に存在する固体粒子に絞られる．このように衝突判定格子を導入すると，すべての固体粒子との衝突を計算する場合に比べて計算効率が高くなることがわかる．

固体粒子どうしの衝突は，このリストに登録された固体粒子を使用して判定する．固体粒子 i と衝突する固体粒子 j は，固体粒子間距離 L_{ij}，固体粒子の半径 r として，

$$\delta_{ij} = L_{ij} - (r_i + r_j) < 0 \tag{2.56}$$

の関係を満たすとき，すなわち，2 つの固体粒子の中心間距離が半径の和よりも短くなったとき，オーバーラップ δ が生じたため，2 つの固体粒子が衝突したとみなされる．

粒径分布がある粉体を取り扱う場合，通常，最も大きな粒子径に合わせてボックスの大きさを決める．粒子径の範囲が広くなればなるほど，ボックスが大きくなる．その結果，ボックス内に含まれる固体粒子数が多くなるため，すなわち，隣接粒子探索の対象となる固体粒子の数が多くなるため，計算時間を要することになる．当然ながら，壁面との相互作用にも隣接粒子探索ボックスを使用すると効率よく計算することができる．

2.5 安定解析

数値解析を安定的に実行するには，時間刻み Δt を適切な値に設定する必要がある．ここでは，DEM の時間刻みの設定方法について述べる．

Cundall と Strack[7] は運動方程式における差分解の収束性と安定性を得るために，

$$\Delta t < 2\sqrt{\frac{m}{k_\mathrm{n}}} \tag{2.57}$$

という条件で，Δt を決定した．他方，ばね–質点系の自由振動の振動周期

$$\Delta t = \frac{2\pi}{\Omega}\sqrt{\frac{m}{k_\mathrm{n}}} \tag{2.58}$$

にもとづいて Δt を決定することがしばしばなされる．Ω は安定解析を行うのに適切な数値であり，5 から 20 を目安にして設定されることが多い．過去の研究[8]において，Ω の値を決めるための数値実験も行われている．

Δt が小さければ安定に解析ができるが，単純に Δt を小さく設定すればいいわけではない．Δt が小さいと，計算時間を要するばかりではなく，離散化誤差が蓄積されることになる．離散化誤差については，4 章を参照されたい．数値解析を安定的に実行する場合，時間差分スキームの安定性も考慮する必要があるが，DEM では，時間差分スキームの安定性よりも物性値にもとづく Δt の方が重要になることが多いので，式 (2.58) にもとづいて Δt を決めればよい．基礎式に付着力が導入された場合の Δt は，上記のものよりも小さく設定する必要がある．

2.6 アルゴリズム

ここまでは，DEM による接触力のモデル化の考え方，隣接粒子探索の効率化および安定解析について述べた．これらの知識を用いて，DEM シミュレーションを実行することになる．

図 2.8 に DEM シミュレーションを実行するためのアルゴリズムを示す．各プロセスを以下の節で説明する．

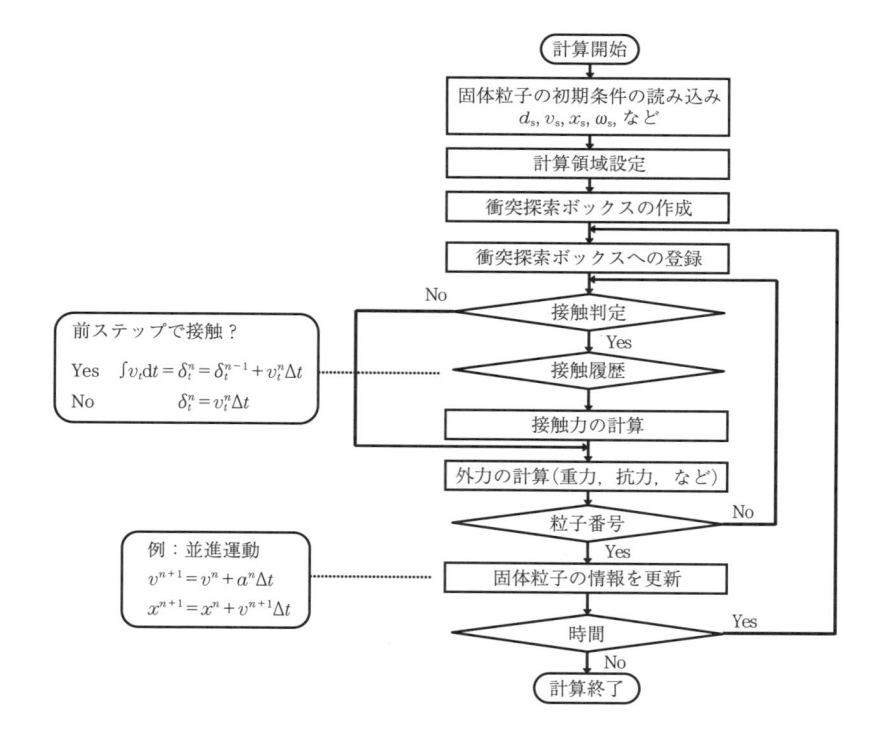

```
計算開始
  ↓
固体粒子の初期条件の読み込み
  d_s, v_s, x_s, ω_s, など
  ↓
計算領域設定
  ↓
衝突探索ボックスの作成
  ↓
衝突探索ボックスへの登録 ←────────┐
  ↓                                │
接触判定 ──No─→                    │
  ↓ Yes                             │
接触履歴                            │
  ↓                                │
接触力の計算                        │
  ↓                                │
外力の計算（重力，抗力，など）       │
  ↓                                │
粒子番号 ──No──────────────────────┘
  ↓ Yes
固体粒子の情報を更新
  ↓
時間 ──Yes──→
  ↓ No
計算終了
```

前ステップで接触？
Yes $\int v_t dt = \delta_t^n = \delta_t^{n-1} + v_t^n \Delta t$
No $\delta_t^n = v_t^n \Delta t$

例：並進運動
$v^{n+1} = v^n + a^n \Delta t$
$x^{n+1} = x^n + v^{n+1} \Delta t$

図 **2.8** DEM のアルゴリズム

2.6.1 初期条件

DEMの初期設定は，次のとおりである．まず，計算領域 (calculation domain) を決め，固体粒子の物性値 (physical properties) を読み込み，固体粒子を初期発生させる．固体粒子の初期発生方法については後述する．その後，目的の初期充填状態を作成するための数値解析を実行し，位置をはじめとする固体粒子情報を含むリスタートファイルを作成する．目的の数値解析を実行するには，計算領域，固体粒子の物性値および初期充填状態の固体粒子情報が保存されているリスタートファイルを読み込めばよい．初期充填状態が目的の数値解析の初期条件となる．

固体粒子の初期発生と初期充填状態において，固体粒子の情報が異なることがしばしばある．誤解を与えないために，両者の違いについて説明する．初期発生とは，初期充填状態における固体粒子の情報を決めるためのものである．おおざっぱにいえば，目的の初期充填状態がつくれるのであれば，どのような初期発生方法を使用してもかまわない．多くの場合，初期発生させた粒子情報と初期充填状態が一致する可能性が低いので，初期粒子を発生した後，数値解析を実行して初期充填状態を作成する．初期粒子の発生方法には，いくつかあるが，文献 [9] では，棄却法，局所移動法，などをあげている．棄却法は，乱数を使って発生する固体粒子の位置を順番に決め，固体粒子間にオーバーラップが生じたときに棄却するものである．局所移動法は，まず固体粒子を格子状に並べておき，その後，一定の微小範囲内で固体粒子をランダムに動かすもの

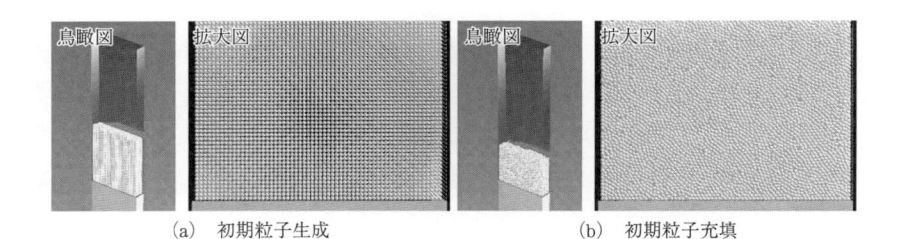

(a) 初期粒子生成　　　　(b) 初期粒子充填

図 **2.9** 初 期 条 件

である．ちなみに，筆者らは，個々の固体粒子に乱数を使って初期速度を適当に与えながら格子状に並べた後，重力を作用させて初期充填状態を生成している (図 2.9)．初期充填状態の作成方法には，いろいろなやり方があると思われるので，ユーザーにとって適切なものを選べばよい．

2.6.2 隣接粒子探索ボックスの作成・登録

a. 従来手法 　前述のように，DEM では，固体粒子の衝突判定を効率よく行うため，空間を格子に分割し，固体粒子の衝突対象を絞る処理を行う．この格子は衝突判定格子とよばれ，固体粒子の中心座標にもとづいて登録される．各固体粒子は必ずいずれかの判定格子に格納される．一般的に衝突判定格子は計算対象となる粒子を含むことができるように，固体の粒子径と同じになるように設定する．

　この判定格子を実際の体系に適用するとき，1つの判定格子内に，粒子が複数含まれる可能性があることに留意する必要がある．粒子径が均一な場合であっても，固体粒子間にオーバーラップがあると，同じ判定格子内に2つの粒子が登録されうる．さらに，粒径分布がある場合，判定格子の各辺の長さを体系内の最大の粒子の直径以上にする必要がある．そのため，小さな固体粒子は，判定格子内に複数個登録されてしまう．したがって，粒径分布がある場合，最大粒子径と最小粒子径の比率が大きくなるほど，1つの格子内に含まれる可能性のある固体粒子の数が増加する．

　これまでに述べた判定格子は，各格子に一定の大きさの配列を確保し，その中に固体粒子を登録するものであった．しかしながら，本手法はメモリ消費量が大きくなりやすいので，大規模解析体系への応用に限界がある．これは，衝突判定格子に登録される粒子数が増えると，この配列のサイズを大きくする必要があり，メモリ消費量が増加してしまうためである．他方，実際に1つの判定格子に登録される固体粒子数は1～2個になることも多く，さらには，粒子がまったく登録されていない格子も存在する．このような場合でも，各格子には固体粒子登録用の配列をもつ必要があるため，メモリを無駄に消費する可能性がある．

図 **2.10** リンクリスト構造

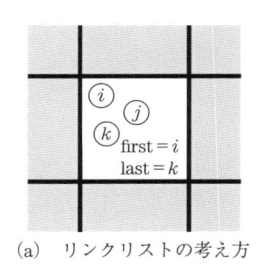

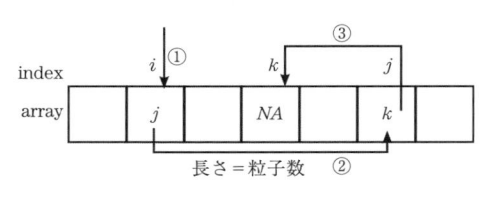

b. リンクリスト構造　前述のように，これまでに使用されてきた衝突判定格子では，メモリを無駄に消費する可能性があることがわかった．この問題を解決するために，リンクリスト構造が提案されたので，紹介する．

各固体粒子は必ず1つの判定格子に登録されるという条件を考えると，各格子がもつ粒子登録のための領域は，本来であれば粒子数と同数だけ確保されていれば良いはずである．このような発想にもとづいて，図 2.10 に示すような，粒子登録のためのリンクリスト構造が提案された．ここでは，リンクリスト構造をプログラムを用いて説明しよう (コード 2.1)．リンクリスト構造では，各格子に最初と最後の固体粒子の番号が，それぞれ変数 `first` と `last` に記録される．また，各格子で共通の配列 `nextOf` が用意されており，この要素数は粒子数と同じである．リンクリスト構造では，格子内での粒子の並び順が `nextOf` に記録されており，ある粒子 i について，その次の粒子番号が `nextOf[i]` となる．

判定格子に粒子を登録するには，以下のアルゴリズムを用いる．

- 粒子 i が入るべき判定格子を算出
- 判定格子の $last$ が NA である場合，$first$ に i を代入する
- 判定格子の $last$ が NA ではない場合，$nextOf[last]$ に i を代入する
- $last$ に i を代入する

コード **2.1**　リンクリスト構造の構築と参照

```
1  #define NUM_PARTICLES300/* 粒子数 */
2  #define NUM_CELL_X20/* X軸方向判定格子の数 */
3  #define NUM_CELL_Y20/* Y軸方向判定格子の数 */
```

2. 離散要素法の基礎

```c
#define NUM_CELLS(NUM_CELL_X*NUM_CELL_Y)/* 判定格子の合計数 */

struct PARTICLE_CELL{/* 衝突判定格子の構造体 */
int first;
int last;
};

struct PARTICLE_CELL particle_cells[NUM_CELLS];/* 衝突判定格子の実
    体 */
int nextOf[NUM_PARTICLES];/* 次の粒子を記録する配列 */
int pidx;/* 粒子番号 */
int cellIdx;

/* 登録前に判定格子をリセット */
for(cellIdx=0;cellIdx<NUM_CELLS;cellIdx++){
particle_cells[cellIdx].first=-1;/* -1は粒子が入っていないことを示
    す */
particle_cells[cellIdx].last=-1;
}

/* 次の粒子のリセット */
for(pidx=0;pidx<NUM_PARTICLES;pidx++){
nextOf[pidx]=-1;
}

/* 粒子の登録 */
for(pidx=0;pidx<NUM_PARTICLES;pidx++){
int lastPrev;

cellIdx=getCellIndex(pidx);/* 粒子登録先の格子番号を算出 */
/* 注:ここでは中身は示さない */

/* 直前の最後の粒子番号を保存 */
lastPrev=particle_cells[cellIdx].last;

/* 最後の粒子番号を更新 */
particle_cells[cellIdx].last=pidx;

if(lastPrev==-1){
/* 最初の粒子として登録 */
pCells[cellIdx].first=pidx;
}else{
/* 次の粒子を更新 : lastPrevの次はpidx */
nextOf[lastPrev]=pidx;
}
}


/* ある判定格子内の粒子の参照 */
cellIdx=10;/* 適当な判定格子の番号 */

if(particle_cells[cellIdx].last==-1){/* この判定格子は空 */
printf("この判定格子は空\n");
```

```
55  }else{
56  printf("判定格子内の粒子:\n");
57  pidx=particle_cells[cellIdx].first;
58  for(;;){
59  printf("粒子%d\n",pidx);
60  /* 次の粒子を探す */
61  pidx=nextOf[pidx];
62  if(pidx==-1){
63  /* 最後の粒子 */
64  break;
65  }
66  }
67  }
68  \label{code2.6-01}
```

格子内に最後の粒子番号を記録しなくても，リンクリスト構造を導入することができる．しかし，スレッド並列計算を行う際には，最後の粒子番号がないと不都合が生じることがある．そのため，本書では，リンクリスト構造の導入において，各格子に最初と最後の固体粒子の番号を登録する．

2.6.3 接触力の計算

接触力は，前述のフォークトモデルを用いて，すなわち，弾性力，粘性減衰および摩擦力をばね，ダッシュポットおよびフリクションスライダーを用いて評価する．計算の効率化をはかるために，作用–反作用の法則を用いて，計算粒子番号の大きいもののみの接触力の計算を行う．すなわち，コード2.2のようにプログラムする．

コード **2.2** 作用反作用力

```
1   for( i =0; i < NUM_PTCL; i++){
2   j = collision[ i, num]
3   .
4   .
5   .
6   <<< 固体粒子i-固体粒子j間の接触力の計算 >>>
7   .
8   .
9   .
10  if( j > i )
11  force[j] = -force[i];
12
13  }
```

ここで，`NUM_PTCL` および j は，それぞれ，全計算粒子および固体粒子 i に隣接する粒子である．

他方，マルチコア環境などでスレッド並列を行う場合，データ競合が起こる可能性がある．このような問題を解決するための最も単純な対策として，作用-反作用の法則を用いないで計算することがあげられる．スレッド並列計算において，作用-反作用の法則を用いた計算効率については 5 章で述べる．

また，接触力の算定が終わった後，次の時間ステップにおける変位の接線方向成分の評価のために，各固体粒子がどの固体粒子と接していたかを保存する必要がある．

2.6.4 外力の計算

固体粒子に外力 (external force) が作用する場合，DEM では容易に考慮することができる．遠距離力も導入することが可能である．過去の研究において導入された外力として，流体抗力，ファンデルワールス力，液架橋力，磁力などがある．このような外力の導入による運動方程式の変更に伴い，時間刻みを式 (2.58) よりも小さくする必要がある．

2.6.5 固体粒子の情報の更新

前述のように，すべての固体粒子の接触力および外力が見積もられた後，各固体粒子に作用する力の総和 $\boldsymbol{F}_{\mathrm{total}}$ を用いて，その位置ベクトル，速度ベクトル，角速度ベクトルなどを更新していく．ここでは，並進運動および回転運動の固体粒子情報の更新について，スプリッティングスキーム (splitting scheme) を用いて説明しよう．4 章で詳しく述べるが，スプリッティングスキームはオイラー陽解法とオイラー陰解法の組合せである．

並進運動について，時間ステップ n の固体粒子の情報を用いて，相互作用力を求め，

$$\boldsymbol{F}_{\mathrm{total}}^{n} = \boldsymbol{F}_{\mathrm{C}}^{n} + \boldsymbol{F}_{\mathrm{E}}^{n} \tag{2.59}$$

$$\boldsymbol{v}_{\mathrm{s}}^{n+1} = \boldsymbol{v}_{\mathrm{s}}^{n} + \frac{\boldsymbol{F}_{\mathrm{total}}^{n}}{m_{\mathrm{s}}}\Delta t \tag{2.60}$$

$$x_s^{n+1} = x_s^n + v_s^{n+1}\Delta t \qquad (2.61)$$

のように固体粒子の情報を更新して，時間ステップ $n+1$ の固体粒子の位置および速度を得る．ここで，F_C^n および F_E^n は，それぞれ，固体粒子に作用する接触力および外力である．

回転運動について，時間ステップ n の固体粒子の情報を用いて，トルクを求め，

$$T_s^n = r \times F_{C_t}^n \qquad (2.62)$$

$$\omega_s^{n+1} = \omega_s^n + \frac{T_s^n}{I_s}\Delta t \qquad (2.63)$$

$$\theta_s^{n+1} = \theta_s^n + \omega_s^{n+1}\Delta t \qquad (2.64)$$

のように固体粒子の情報を更新して，時間ステップ $n+1$ の固体粒子の角速度および回転角を得る．

ここでは，スプリッティングスキームを使用したが，他の時間差分スキームも使用することができる．詳細は4章を参照されたい．

2.7 DEM におけるばね定数の設定方法

DEM を用いた数値解析，特に混相流の数値解析では，実際のヤング率にもとづいて得られるばね定数よりも軟らかいばね定数を使用することが多い．特に，DEM-CFD 法による流動層の数値解析などでは，公認されているといっても過言ではない．過去の研究において，スナップショットの比較による定性的な検証がなされている．どのような現象に着目しているかが重要であることはいうまでもないが，接触力が非常に重要となる体系でなければ，軟らかいばねを使用しても問題にならないといえる．ただし，ばね定数を軟らかくするということは，接触時の振動周期が長くなるとともに，系内のエネルギー消散が実際のものとは異なってしまう．さらには，せん断力の評価において，摩擦力のしきい値も変わってしまう．すなわち，誤解をおそれずにいうと，多体問題では，ばね定数を軟らかく設定した時点で，たとえ摩擦や反発の物性値を厳密に設定していても，あまり意味がなくなってしまう．物性値を厳密に設定したいのであれば，ヘルツの弾性理論にもとづく非線形ばねを使用すべきであり，軟

らかいばねを使用するべきではない．他方，軟らかいばねを使っても，定性的にあるいはある程度定量的に粉体の挙動を模擬できるのは，混相流では接触力にかかわる物性値が支配的要因にならない可能性があるためである．

2.8 おわりに

本章では，DEMの概要について説明した．固体粒子の運動の基礎式を示すとともに，離散要素法の接触力のモデル化，すなわち，弾性力，粘性減衰および摩擦力の考え方を説明した．離散要素法を効率的に実行するために必要となる衝突判定格子も説明した．読者の多くの方がお気づきのように，DEMは非常にシンプルな手法なため，力学とプログラミング(基本的にどんな言語であってもかまわない)の知識があれば，容易にシミュレーションを実行できることがわかる．

文　献

[1] P. W. Cleary, "Recent advances in DEM modeling of tumbling mills," Min. Eng. **14** (2001) 1295–1319.
[2] Y. Kaneko, T. Shiojima, M. Horio, "DEM simulation of fluidized beds for gas-phase olefin polymerization," Chem. Eng. Sci. **54** (1999) 5809–5821.
[3] K. L. Johnson, *Contact Mechanics*, Cambridge University Press (1987).
[4] J. L. Meriam, L. G. Kraige, *Engineering Mechanics Dynamics*, Wiley (2003).
[5] Y. Tsuji, T. Kawaguchi, T. Tanaka, "Discrete particle simulation of two-dimensional fluidized bed," Powder Technol. **77** (1993) 79–87.
[6] R. D. Mindlin, "Compliance of elastic bodies in contact," J. Appl. Mech. **16** (1949) 259–268.
[7] P. A. Cundall, O. D. L. Strack, "A discrete numerical model for granular assembles," Geotechnique **29** (1979) 47–65.
[8] 川口寿裕，田中敏嗣，辻 裕, "離散要素法による流動層の数値シミュレーション(噴流層の場合)", 日本機械学会論文集 (B編), **58** (1992) 2119–2125.
[9] 伯野元彦, 破壊のシミュレーション, 森北出版 (1997).

3 数値流体力学の基礎

3.1 はじめに

粉体と流体の相互作用を取り扱う問題,すなわち,固体–流体連成問題 (solid-fluid coupling problem) の数値解析を実行する上で,数値流体力学 (computational fluid dynamics) の知識が必要になる.ここでは,固体–流体連成問題で必要となる数値流体力学の基礎知識について説明する.固体–流体連成問題において流体を非圧縮性流れ (incompressible fluid) として扱うことが多い.そのため,本書では,非圧縮性流体の数値解析のみを説明の対象とする.数値流体力学の詳細については,すでに良書[1–7]が多く出版されているので,それらを参照されたい.

3.2 流体の基礎式

非圧縮性流体の基礎式は,連続の式 (continuity equation) とナビエ–ストークス方程式 (Navier–Stokes equation) であり,オイラー的記述 (Eurelian description) では,それぞれ,

$$\nabla \cdot \boldsymbol{u}_\mathrm{f} = 0 \tag{3.1}$$

$$\frac{\partial(\rho_{\mathrm{f}}\boldsymbol{u}_{\mathrm{f}})}{\partial t} + \nabla \cdot (\rho_{\mathrm{f}}\boldsymbol{u}_{\mathrm{f}}\boldsymbol{u}_{\mathrm{f}}) = -\nabla p + \mu_{\mathrm{f}}\nabla^2 \boldsymbol{u}_{\mathrm{f}} \tag{3.2}$$

のように表される．ここで，$\boldsymbol{u}_{\mathrm{f}}$，$\rho_{\mathrm{f}}$，$p$ および μ_{f} は，それぞれ，流体の速度ベクトル，流体密度，流体の圧力および粘性係数である．式 (3.2) の左辺において，第1項および第2項は，それぞれ，非定常項および移流項 (または対流項)(convection term) とよばれる．また，右辺について，第1項，第2項および第3項は，それぞれ，圧力勾配項，粘性項および外力項である．

3.3　アルゴリズムの概要

非圧縮性流体では，連続の式 [式 (3.1)] が，ナビエ–ストークス方程式 [式 (3.2)] に対する拘束条件になるので，これらの式を同時に満たすような p および $\boldsymbol{u}_{\mathrm{f}}$ を求める解法が必要になる．このような解法のことをアルゴリズム (algorithm) といい，非圧縮性流体の数値解析では，MAC (marker and cell) 法[8]，SMAC (simplified MAC) 法[9]，フラクショナルステップ (fractional step) 法[10]，SIMPLE (semi-implicit method for pressure-linked equation) 法[11]などがある．これらのアルゴリズムは，すべて半陰解法 (semi-implicit algorithm) である．半陰解法では，通常，圧力のみを陰的に，他の変数を陽的に計算する．本章では，フラクショナルステップ法にもとづいて，非圧縮性流体の数値解析のアルゴリズムを説明する．当然ながら，他のアルゴリズムでも流体解析を実行することができる．他のアルゴリズムについては，文献 [1–7] を参照されたい．

式 (3.2) において移流項と粘性項を現在の時間ステップ n を用いて離散化し，式 (3.1) を新たな時間ステップ $n+1$ で示すと，

$$\nabla \cdot \boldsymbol{u}_{\mathrm{f}}^{n+1} = 0 \tag{3.3}$$

$$\frac{\boldsymbol{u}_{\mathrm{f}}^{n+1} - \boldsymbol{u}_{\mathrm{f}}^{n}}{\Delta t} + \nabla \cdot (\boldsymbol{u}_{\mathrm{f}}^{n}\boldsymbol{u}_{\mathrm{f}}^{n}) = -\frac{1}{\rho_{\mathrm{f}}}\nabla p^{n+1} + \frac{\mu_{\mathrm{f}}}{\rho_{\mathrm{f}}}\nabla^2 \boldsymbol{u}_{\mathrm{f}}^{n} \tag{3.4}$$

のようになる．これらの式より，$\boldsymbol{u}_{\mathrm{f}}^{n+1}$ および p^{n+1} の解を求めるために，フラクショナルステップ法を使用する．

フラクショナルステップ法は，速度を陽的に，圧力を陰的に離散化する2段

階解法である．式 (3.4) において圧力勾配項 (∇p^{n+1}) を省略して，仮の速度 $\boldsymbol{u}_\mathrm{f}^*$ を

$$\boldsymbol{u}_\mathrm{f}^* = \boldsymbol{u}_\mathrm{f}^n + \Delta t \left(-\nabla \cdot (\boldsymbol{u}_\mathrm{f}^n \boldsymbol{u}_\mathrm{f}^n) + \frac{\mu_\mathrm{f}}{\rho_\mathrm{f}} \nabla^2 \boldsymbol{u}_\mathrm{f} \right) \tag{3.5}$$

のように与える．式 (3.5) の右辺の変数は，すべて既知であるため，$\boldsymbol{u}_\mathrm{f}^*$ は，陽的に，すなわち単純な代入により求めることができる．次に，2 段階目として，圧力勾配項を用いて，

$$\boldsymbol{u}_\mathrm{f}^{n+1} = \boldsymbol{u}_\mathrm{f}^* - \frac{\Delta t}{\rho_\mathrm{f}} \nabla p^{n+1} \tag{3.6}$$

$\boldsymbol{u}_\mathrm{f}^*$ を補正して，更新した速度 $\boldsymbol{u}_\mathrm{f}^{n+1}$ を求める．なお，当然ではあるが，式 (3.5) と式 (3.6) を足し合わせると，式 (3.4) になる．これより，式 (3.6) より求められる $\boldsymbol{u}_\mathrm{f}^{n+1}$ は，ナビエ–ストークス方程式の解であることがわかる．

p^{n+1} は，式 (3.6) を式 (3.3) に代入して得られるポアソン方程式 (Poisson's equation)

$$\nabla^2 p^{n+1} = \frac{\rho_\mathrm{f}}{\Delta t} \nabla \cdot \boldsymbol{u}^* \tag{3.7}$$

を解くことにより求められる．

以上が，フラクショナルステップ法により，非圧縮性流体の挙動を計算するアルゴリズムである．

3.4 離 散 化

前節では，未知数の $\boldsymbol{u}_\mathrm{f}$ および p を計算するための計算格子点の情報についてふれなかった．本節において，計算格子点の情報を考慮しながら数値解析を説明する．粉体シミュレーションにおける固体–流体連成問題では，多くの場合，スタガード格子を使用して流体解析を行う．本書においても流体解析においてスタガード格子を使用する．ここでは，理解のしやすさから 2 次元体系で説明する．2 次元から 3 次元への応用については，作業は煩雑になるが，基本的には次元が 1 つ増えるだけである．

44   3. 数値流体力学の基礎

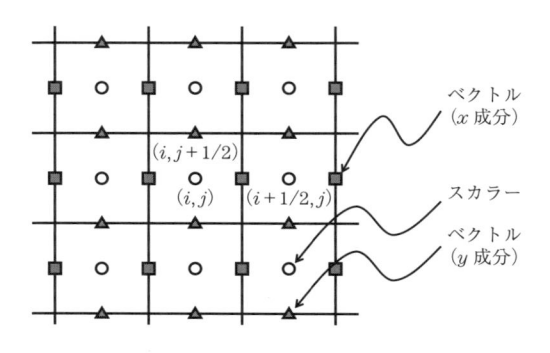

図 3.1 スタガード格子

3.4.1 スタガード格子

スタガード格子 (staggered grid) は，図 3.1 に示したように，格子の中心に圧力などのスカラー変数を配置し，スカラー変数の配置点に対してそれぞれの方向に格子半分ずらした位置，すなわち，格子の境界にこれと垂直な流速成分を配置するものである．スタガード格子を用いると，連続の式を満足させるような圧力場を計算するときに，振動など非現実的な解を抑制することができる．他方，速度と圧力を同じ位置に定義できないため，境界の外側に仮想セルを設ける必要がある．仮想セルについては，3.5 節で説明する．

3.4.2 対流項の差分スキーム

2 次元体系を例に対流項の差分スキームを説明しよう．式 (3.2) で示したナビエ–ストークス方程式を 2 次元体系で考えて，x および y 方向成分を示すと，

$$\frac{\partial u}{\partial t} + \frac{\partial (uu)}{\partial x} + \frac{\partial (uv)}{\partial y} = -\frac{1}{\rho_f}\frac{\partial p}{\partial x} + \frac{\partial}{\partial x}\left(\frac{\mu_f}{\rho_f}\frac{\partial u}{\partial x}\right) + \frac{\partial}{\partial y}\left(\frac{\mu_f}{\rho_f}\frac{\partial u}{\partial y}\right) \quad (3.8)$$

$$\frac{\partial v}{\partial t} + \frac{\partial (uv)}{\partial x} + \frac{\partial (vv)}{\partial y} = -\frac{1}{\rho_f}\frac{\partial p}{\partial y} + \frac{\partial}{\partial x}\left(\frac{\mu_f}{\rho_f}\frac{\partial v}{\partial x}\right) + \frac{\partial}{\partial y}\left(\frac{\mu_f}{\rho_f}\frac{\partial v}{\partial y}\right) \quad (3.9)$$

のようになる．ここで，流体速度の x 方向および y 方向成分を，それぞれ u, v とした．式 (3.8) および (3.9) について，u および v を一般的な物理量 ϕ を用いた輸送方程式で表すと，

$$\frac{\partial \phi}{\partial t} + \frac{\partial (u\phi)}{\partial x} + \frac{\partial (v\phi)}{\partial y} = -\frac{1}{\rho_\mathrm{f}}\frac{\partial p}{\partial x} + \frac{\partial}{\partial x}\left(\frac{\mu_\mathrm{f}}{\rho_\mathrm{f}}\frac{\partial \phi}{\partial x}\right) + \frac{\partial}{\partial y}\left(\frac{\mu_\mathrm{f}}{\rho_\mathrm{f}}\frac{\partial \phi}{\partial y}\right) \quad (3.10)$$

となる．式 (3.10) を用いて対流項の差分スキームを説明する．ここでは，保存形式を考え，1 次精度風上差分および 2 次精度中心差分を使用して説明する．

対流項を C と記すと，式 (3.10) は，

$$C(\phi) = C_x(\phi) + C_y(\phi) \quad (3.11)$$

$$C_x(\phi) = \frac{\partial}{\partial x}(\phi u)_{i,j} = \frac{(\langle \phi \rangle_{i+1/2,j} u_{i+1/2,j} - \langle \phi \rangle_{i-1/2,j} u_{i-1/2,j})}{\Delta x} \quad (3.12)$$

$$C_y(\phi) = \frac{\partial}{\partial y}(\phi v)_{i,j} = \frac{(\langle \phi \rangle_{i,j+1/2} v_{i,j+1/2} - \langle \phi \rangle_{i,j-1/2} v_{i,j-1/2})}{\Delta y} \quad (3.13)$$

のように表される．$\langle \phi \rangle$ は流れによって運ばれる物理量であり，スキームごとに定義されるものである．ここでは，風上差分および中心差分の $C_x(\phi)$ への適用を説明する．$C_y(\phi)$ については $C_x(\phi)$ と同様のやり方で求められるので省略する．

a. 1 次精度風上差分　式 (3.12) に 1 次精度風上差分 (first order upstream scheme) に使用する場合，

$$\langle \phi \rangle_{i+1/2,j} = \begin{cases} \phi_{i,j} & (u_{i+1/2,j} > 0) \\ \phi_{i+1,j} & (u_{i+1/2,j} < 0) \end{cases} \quad (3.14)$$

$$\langle \phi \rangle_{i-1/2,j} = \begin{cases} \phi_{i-1,j} & (u_{i-1/2,j} > 0) \\ \phi_{i,j} & (u_{i-1/2,j} < 0) \end{cases} \quad (3.15)$$

のように離散化する (図 3.2)．これは，流体によって運ばれる物理量は常に上流側であることを示している．前述のやり方では，1 次精度風上差分は流速の向きによって ϕ の値を場合分けする必要があるが，格子の上流側を

$$\begin{aligned}
\langle \phi \rangle_{i+1/2,j} u_{i+1/2,j} &= \frac{\phi_{i,j}}{2}\left(u_{i+1/2,j} + |u_{i+1/2,j}|\right) \\
&\quad + \frac{\phi_{i+1,j}}{2}\left(u_{i+1/2,j} - |u_{i+1/2,j}|\right) \\
&= \frac{\phi_{i,j} + \phi_{i+1,j}}{2} u_{i+1/2,j} + \frac{\phi_{i,j} - \phi_{i+1,j}}{2} |u_{i+1/2,j}| \\
&= \phi_{i+1/2,j} u_{i+1/2,j} - \frac{1}{2}\left(\phi_{i+1,j} - \phi_{i,j}\right) |u_{i+1/2,j}| \quad (3.16)
\end{aligned}$$

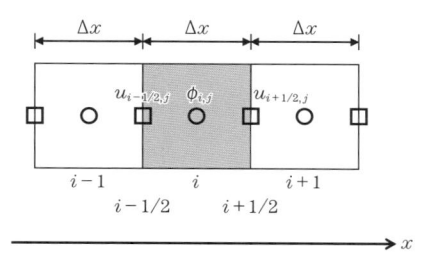

図 3.2 離散化された空間の定義点

とし，下流側を

$$\langle\phi\rangle_{i-1/2,j} u_{i-1/2,j} = \phi_{i-1/2,j} u_{i-1/2,j} - \frac{1}{2}(\phi_{i,j} - \phi_{i-1,j})|u_{i-1/2,j}| \quad (3.17)$$

のようにして，式 (3.16) および (3.17) を式 (3.12) に代入して，

$$\frac{\partial(u\phi)}{\partial x} = \frac{\langle\phi\rangle_{i+1/2,j} u_{i+1/2,j} - \langle\phi\rangle_{i-1/2,j} u_{i-1/2,j}}{\Delta x} \quad (3.18)$$

のようにすれば，場合分けの必要がなくなる．1 次精度風上差分は数値拡散の影響により数値安定性に優れるが，その一方で数値解がぼやけてしまう可能性がある．

b. 2 次精度中心差分 式 (3.12) に 2 次精度中心差分 (central difference scheme) を適用する場合，

$$\langle\phi\rangle_{i+1/2,j} = \frac{1}{2}(\phi_{i,j} + \phi_{i+1,j}) \quad (3.19)$$

$$\langle\phi\rangle_{i-1/2,j} = \frac{1}{2}(\phi_{i-1,j} + \phi_{i,j}) \quad (3.20)$$

のようにする．2 次精度中心差分は，1 次精度風上差分とは異なり，数値拡散の影響を受けない．その一方で，数値安定性が低く，非物理的な振動が生じることがある．

3.4.3 ハイブリッドスキーム

ハイブリッドスキーム (hybrid scheme) は，1 次精度風上差分と 2 次精度中心差分を使用するスキームである．2 次精度中心差分が安定な範囲のときにそれを使用し，不安定な範囲のときに 1 次精度風上差分を使用する．

ハイブリッドスキームにおいて1次精度風上差分と2次精度中心差分の選択には，ペクレ数 (Pecret number) Pe を使用する．Pe は

$$Pe = \frac{\rho u \Delta x}{\mu} \tag{3.21}$$

のように与えられる．ハイブリッドスキームの具体的な使用方法を示す．ペクレ数が $-2 \leq Pe \leq 2$ のように対流が拡散に比べて小さいときには2次精度中心差分を使用し，$Pe > 2$ または $Pe < -2$ のように，対流が拡散に比べて大きいときには1次精度風上差分を使用する．

3.4.4 その他の空間差分スキーム

固体–流体連成問題における流体解析において，上記のスキームが広く使われているが，当然ながら高次のスキームを使用することもある．すなわち，単相流の数値流体力学で広く用いられる高次のスキーム (たとえば，QUICK，川村–桑原スキーム) も使用することが可能である．高次の差分スキームに興味をもたれた読者は，専門書[1,6]を参考にされたい．

3.4.5 アルゴリズムの詳細

アルゴリズムの概要と対流項の差分スキームについて学んだので，空間の位置情報を用いながらアルゴリズムの詳細を説明しよう．まず，運動方程式であるナビエ–ストークス方程式を離散化することを考える．ここでは，理解しやすくするため2次元体系を対象とする．ナビエ–ストークス方程式について，対流項および粘性項を C および V で記すと，その x 方向および y 方向成分は，それぞれ，

$$\frac{\partial (\rho_\mathrm{f} u)}{\partial t} + C(u) = -\nabla p + V(u) \tag{3.22}$$

$$\frac{\partial (\rho_\mathrm{f} v)}{\partial t} + C(v) = -\nabla p + V(v) \tag{3.23}$$

のように表される．

3.3節で示したように，非圧縮性流体の運動は2段階で計算される．x 方向および y 方向成分の速度を u および v を2段階で計算することを示そう．まず，

u を計算するにあたり，

$$\frac{u^*_{i+1/2,j} - u^n_{i+1/2,j}}{\Delta t} + \frac{C(u)^n}{\rho_{\mathrm{f}}} = \frac{V(u)^n}{\rho_{\mathrm{f}}} \tag{3.24}$$

$$\frac{u^{n+1}_{i+1/2,j} - u^*_{i+1/2,j}}{\Delta t} = -\frac{1}{\rho_{\mathrm{f}}} \frac{p^{n+1}_{i+1,j} - p^{n+1}_{i,j}}{\Delta x} \tag{3.25}$$

のように分解する．式 (3.24) および (3.25) を足し合わせると，式 (3.22) を直接離散化したものと同じになることがわかる．

v の計算も同様に，

$$\frac{v^*_{i,j+1/2} - v^n_{i,j+1/2}}{\Delta t} + \frac{C(v)^n}{\rho_{\mathrm{f}}} = \frac{V(v)^n}{\rho_{\mathrm{f}}} \tag{3.26}$$

$$\frac{v^{n+1}_{i,j+1/2} - v^*_{i,j+1/2}}{\Delta t} = -\frac{1}{\rho_{\mathrm{f}}} \frac{p^{n+1}_{i,j+1} - p^{n+1}_{i,j}}{\Delta y} \tag{3.27}$$

のように分解できる．C については，選択した差分スキームにより記述の仕方が異なるので，ここでは C の記述のままにとどめておく (詳細は 3.4.2 項を参照)．

V に関しては，通常，2 次精度中心差分を使用する．一般的な物理量 ϕ を用いると，V は，

$$V(\phi)^n = \mu \left(\frac{\phi^n_{i+3/2,j} - 2\phi^n_{i+1/2,j} + \phi^n_{i-1/2,j}}{\Delta x^2} \right.$$
$$\left. + \frac{\phi^n_{i+1/2,j+1} - 2\phi^n_{i+1/2,j} + \phi^n_{i+1/2,j-1}}{\Delta y^2} \right) \tag{3.28}$$

のように表される．粘性項を展開して記述するとわかりづらくなるため，V と記すことにする．

まず，式 (3.24) および (3.26) を用いて仮の速度の計算を行う．仮の速度は，単純な代入により求めることができ，

$$u^*_{i+1/2,j} = u^n_{i+1/2,j} + \frac{\Delta t}{\rho_{\mathrm{f}}} \left(-C(u)^n + V(u)^n \right) \tag{3.29}$$

$$v^*_{i,j+1/2} = v^n_{i,j+1/2} + \frac{\Delta t}{\rho_{\mathrm{f}}} \left(-C(v)^n + V(v)^n \right) \tag{3.30}$$

となる．

新しいステップの圧力の値がわかっていれば，式 (3.25) および式 (3.27) により速度を更新することができる．ところが，現状のままでは，圧力を求めるこ

とができない．連続の式は非圧縮を満たすための拘束条件になることを思い出し，連続の式を使用して圧力を計算することを試みる．

連続の式を離散化すると，

$$\frac{u^{n+1}_{i+1/2,j} - u^{n+1}_{i-1/2,j}}{\Delta x} + \frac{v^{n+1}_{i,j+1/2} - v^{n+1}_{i,j-1/2}}{\Delta y} = 0 \tag{3.31}$$

のように表される．

式 (3.25) および (3.27) を式 (3.31) へ代入すると，ポアソン方程式

$$\frac{p^{n+1}_{i+1,j} - 2p^{n+1}_{i,j} + p^{n+1}_{i-1,j}}{\Delta x^2} + \frac{p^{n+1}_{i,j+1} - 2p^{n+1}_{i,j} + p^{n+1}_{i,j-1}}{\Delta y^2}$$
$$= \frac{\rho_{\mathrm{g}}}{\Delta t}\left(\frac{u^{*}_{i+1/2,j} - u^{*}_{i-1/2,j}}{\Delta x} + \frac{v^{*}_{i,j+1/2} - v^{*}_{i,j-1/2}}{\Delta y}\right) \tag{3.32}$$

が得られる．式 (3.32) の右辺の u^* および v^* は，すでに式 (3.29) および (3.30) より得られている．よって，式 (3.32) に示される連立 1 次方程式を計算すれば，p^{n+1} が得られることになる．連立 1 次方程式の解法にはいくつかの手法が提案されているが，多くの非圧縮性流体解析の場合，大規模な疎行列となるため反復解法が使用される．反復解法の中でも，共役勾配法系のものが高速のため広く使用されている．連立 1 次方程式の解法の詳細については，4 章を参照されたい．

圧力が得られた後，速度を更新する．式 (3.25) および (3.27) を変形して，

$$u^{n+1}_{i+1/2,j} = u^{*}_{i+1/2,j} - \frac{1}{\rho_{\mathrm{f}}}\frac{p^{n+1}_{i+1,j} - p^{n+1}_{i,j}}{\Delta x}\Delta t \tag{3.33}$$

$$v^{n+1}_{i,j+1/2} = v^{*}_{i,j+1/2} - \frac{1}{\rho_{\mathrm{f}}}\frac{p^{n+1}_{i,j+1} - p^{n+1}_{i,j}}{\Delta y}\Delta t \tag{3.34}$$

のように速度を更新する．更新された速度は，連続の式およびナビエ–ストークス方程式を満たすものである．

このような操作をすべての計算格子に行うとともに，さらに時間発展させることにより，刻一刻と変化する流体の運動を模擬することができる．

3.5 境 界 条 件

数値流体力学のアルゴリズムの詳細を学んだので，境界条件 (boundary condition) について説明しよう．ナビエ–ストークス方程式のような微分方程式を解くには境界条件が必要になる．非圧縮性流体解析において解析領域の境界に速度および圧力の境界条件を与える必要がある．変数の値を固定する境界条件はディリクレ境界条件 (Dirichlet boundary condition) とよばれ，変数の勾配を固定する場合は，ノイマン境界条件 (Neumann boundary condition) とよばれる．

流体解析を実行するに際して，計算対象となる領域の境界部分には，壁面であったり，流入出口であったり，周期的な繰り返しを設定する必要がある．以下に，これらの境界部分に設定すべき条件である壁境界 (wall boundary)，流入境界 (inlet boundary)，流出境界 (outlet boundary) および周期境界 (symmetric boundary) について示す．

3.5.1 壁 境 界

壁境界条件を図 3.3 を用いて説明しよう．繰り返しになるが，スタガード格子では，格子の中心にスカラーである p，x 方向および y 方向に半メッシュずらした位置にベクトルである u および v が配置されている．半メッシュずらしたため，境界条件を設定するにあたり，仮想メッシュを使用する．灰色部分が仮想メッシュである．底面における境界条件を説明する．粘着条件により，壁面での流速はゼロとなる．そのため，$u_{\text{wall}} = 0$ および $v_{\text{wall}} = 0$ とする必要がある．スタガード格子を使用する場合の境界条件を具体的に示すと，

$$u_{i+1/2,0} = -u_{i+1/2,1} \tag{3.35}$$

$$v_{i,0} = 0 \tag{3.36}$$

となる．壁面に垂直方向の流速 (図 3.3 では，v) に関する境界条件については，v が壁面に配置されているため，単にゼロと設定すればよい．壁面に平行な流速 (図 3.3 では，u) については，壁面よりセル幅の半分離れているので，壁面で流

図 3.3　ノースリップ境界　　　　図 3.4　スリップ境界

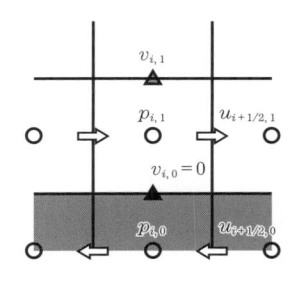

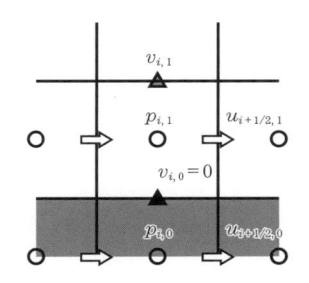

速がゼロになるように境界条件を与える必要がある．具体的には，式 (3.35) に示したように，グレーで塗りつぶされた仮想セルにおける速度 $u_{i+1/2,0}$ が，壁面最近傍の速度 $u_{i+1/2,1}$ と逆向きになるように速度を与えればよい．このように壁面において粘着条件により滑りが発生しない境界条件のことをノースリップ条件 (no-slip condition) という．

壁面に対する圧力の境界条件は，流速の条件がどのような場合であっても，境界における法線方向の速度に変化を与えないため，圧力勾配をゼロ，すなわち，

$$\frac{\partial p}{\partial n} = 0 \tag{3.37}$$

とする．これは，図 3.3 において，壁面再近傍の圧力の値を仮想セル中のものと同じ値，すなわち，

$$p_{i,0} = p_{i,1} \tag{3.38}$$

となる．

3.5.2　対称境界

対称境界条件を図 3.4 を用いて説明する．対称境界条件では，流速の垂直方向成分をゼロ，平行成分の速度勾配をゼロとする．このように壁面において滑りが発生する境界条件のことをスリップ条件 (slip condition) という．図 3.4 を用いて，スタガード格子を使用する場合の境界条件を具体的に示すと，

$$u_{i+1/2,0} = u_{i+1/2,1} \tag{3.39}$$

$$v_{i,0} = 0 \tag{3.40}$$

となる．壁面に対する圧力の境界条件は，流速の条件がどのような場合であっても，境界における法線方向の速度に変化を与えないため，圧力勾配をゼロ，すなわち，

$$\frac{\partial p}{\partial n} = 0 \tag{3.41}$$

とする．

3.5.3 流入・流出境界

流入境界条件のように，流速を固定する場合は，境界面上における流速に速度を与え，境界面に平行な速度成分はフリースリップ条件を使用する．すなわち，主流方向の速度が与えられ，垂直成分の速度はゼロになる．たとえば，x方向に流入する際の境界条件は，

$$u_{0,j} = u_{\text{inlet}} \tag{3.42}$$
$$v_{0,j} = 0.0 \tag{3.43}$$

のようになる．

典型的な流出境界条件は流速の勾配をゼロと与えるものである．たとえば，x方向に流出する際の境界条件は，

$$\frac{\partial u}{\partial n} = 0 \tag{3.44}$$

のようになる．

非圧縮性流体の数値解析では，境界面のどこかで圧力固定の流出・流入境界が必要となる．これは，圧力場全体を変化させても流速が影響を受けないので，どこかで圧力の絶対値を決めないと圧力場が定まらないためである．

3.5.4 周期境界

非常に大きな領域の中である一部に着目して，それが周期的に同じ現象と見なすことのできる体系の数値解析を行う場合に周期境界条件が用いられる．これにより，計算負荷の低減を図ることができる．図3.5に示される体系に周期境界を適用すると，

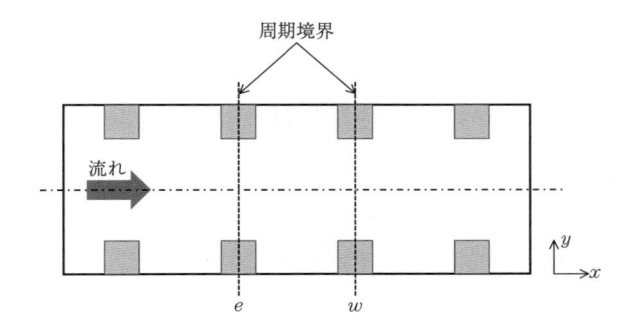

図 3.5 周 期 境 界

$$u_{w,j} = u_{e,j} \tag{3.45}$$

$$v_{w,j} = v_{e,j} \tag{3.46}$$

のようになる．式 (3.45) および式 (3.46) の関係が成り立つように，仮想セルを用いて境界条件を与えればよい．

3.6 数値解析の安定条件

最後に，非圧縮性流体の安定条件について説明しよう．前述のように，非圧縮性流体の数値解析では，移流・拡散問題を計算することになる．移流・拡散問題を安定に実行するには，Courant–Friedrich–Lewy (CFL) 条件または拡散数が制約条件になる．これらの制約条件について述べる．

3.6.1 CFL 条 件

非圧縮性流れの非定常数値解析を実行する際に，前述した半陰解法アルゴリズムを用いて陽的に時間発展させる場合，情報が速度 u で時間刻み Δt の間に伝達される距離が格子幅 Δx よりも小さくないとその現象を把握することができない．すなわち，

$$C = \frac{u\Delta t}{\Delta x} \leq 1 \tag{3.47}$$

を満たさねばならない．Cはクーラン数 (Courant number) であり，移流方程式の安定性を評価する無次元数である．この条件が満たされない場合，安定的に計算が実行できない．このような移流方程式における安定条件をCFL条件という．

3.6.2 拡　散　数

拡散方程式の安定条件には，

$$d = \frac{\nu \Delta t}{\Delta x^2} \leq \frac{1}{2} \tag{3.48}$$

を用いる．dおよびνは拡散数および拡散係数である．クーラン数と拡散数について格子幅の影響を比較すると，クーラン数では格子幅の1乗，拡散数では2乗に依存する．すなわち，拡散数が問題になる場合，格子幅を1/2にすると，時間刻みは1/4に設定しなくてはならなくなる．

3.7　お わ り に

本章では，固体–流体連成解析で必要となる数値流体力学の基礎について学んだ．具体的には，非圧縮性流体を解析するための，アルゴリズム，離散化，境界条件および安定条件について説明した．冒頭で述べたように，非圧縮性流体の数値解析には，多くの著名な専門家が執筆された図書が出版されている．本書では，固体–流体連成解析において必要となる数値流体力学の最低限の情報を示したにすぎない．高次の差分スキーム，完全陰解法にもとづくアルゴリズムなどの流体解析の詳細については，専門書 (たとえば文献 [1,5]) を参照されたい．

文　献

[1] 越塚誠一，数値流体力学，培風館 (1997).
[2] 荒川忠一，数値流体工学，東京大学出版会 (2003).
[3] 平野博之，流れの数値計算と可視化 第 3 版，丸善出版 (2011).
[4] 梶島岳夫，乱流の数値シミュレーション，養賢堂 (1999).
[5] J. H. Ferziger, M. Peric, *Computational Methods for Fluid Dynamics*, Springer (1996).

文　献

[6] J. D. Anderson, *Computational Fluid Dynamics: The Basics With Applications*, McGraw Hill (2000).

[7] H. Versteeg, W. Malalasekera, *An Introduction to Computational Fluid Dynamics: The Finite Volume Method*, Prentice Hall (2007).

[8] F. Harlow, J. E. Welch, "Numerical calculation of time-dependent viscous incompressible flow of fluid with a free surface," Phys. Fluids **8** (1965) 2182–2189.

[9] A. Amsden, F. Harlow, "A Simplified MAC technique for incompressible fluid flow calculation," J. Comp. Phys. **6** (1970) 322–325.

[10] R. Peyret, T. D. Taylor, *Computational methods for fluid flow*, Springer-Verlag (1983).

[11] S. V. Patankar, D. B. Spalding, "A calculation procedure for heat, mass and momentum transfer in three dimensional parabolic flows," Int. J. Heat Mass Transfer **15** (1972) 1787–1806.

4 数値計算の基礎

4.1 はじめに

　本章では，粉体シミュレーションで使用する数値計算手法について詳しく述べる．固体粒子の位置，速度および角速度を更新するのに，常微分方程式を解く必要がある．常微分方程式を時間に関して積分する計算方法は，時間差分スキームとよばれる．粉体シミュレーションで広く用いられる時間差分スキームをいくつか示す．さらに，後述の固体–流体連成問題，すなわち，固気・固液二相流の数値解析において，非圧縮性流体の数値解析を実行するために必要となる行列解法についても述べる．

4.2 時間差分スキーム

　本章では，2章で紹介した粉体シミュレーション方法のDEMにおいて，固体粒子の並進運動および回転運動を更新するために用いる時間差分スキームについて説明する．DEMの時間差分スキームに関する研究は，これまでにいくつかなされている (たとえば，文献 [1–4])．これらの研究成果を参考にしながら，DEMで広く用いられる時間差分スキームを紹介する．時間差分スキームの安定解析条件も重要になるが，紙面の都合上これの記述については割愛する．安

定解析条件については，たとえば，文献 [5–7] に詳しく書かれているので，それらを参照されたい．

DEM では，固体粒子 (さらには流体) の情報から，まず，相互作用力およびトルクを算定する．これらを用いて，固体粒子の速度 $\bm{v}_\mathrm{s}$，位置 $\bm{x}_\mathrm{s}$，角速度 $\bm{\omega}_\mathrm{s}$ および角度 $\bm{\theta}_\mathrm{s}$ を求める．$\bm{v}_\mathrm{s}$, $\bm{x}_\mathrm{s}$, $\bm{\omega}_\mathrm{s}$ および $\bm{\theta}_\mathrm{s}$ を求めるためには，1 階の常微分方程式を解く必要がある．

DEM の数値積分の適用について，簡単のため並進運動を例にして説明しよう．まず，固体粒子に作用する力を算定する．この力にもとづいて固体粒子が動くのであるが，固体粒子の速度および位置を更新するには，加速度および速度をそれぞれ時間積分する必要がある．固体粒子に接触力 $\bm{F}_\mathrm{C}$ が作用した場合，常微分方程式は，

$$\frac{\mathrm{d}\bm{x}_\mathrm{s}}{\mathrm{d}t} = \bm{v}_\mathrm{s} \tag{4.1}$$

$$m_\mathrm{s}\frac{\mathrm{d}\bm{v}_\mathrm{s}}{\mathrm{d}t} = \bm{F}_\mathrm{C} \tag{4.2}$$

のように記述することができる．これらの常微分方程式を解いて，各時間ステップにおける固体粒子の速度 $\bm{v}_\mathrm{s}$，位置 $\bm{x}_\mathrm{s}$ を求めていく．トルク $\bm{T}_\mathrm{s}$ および慣性モーメント (もしくは，慣性テンソル) $\bm{I}_\mathrm{s}$ を用いれば，同様の手順で，角速度 $\bm{\omega}_\mathrm{s}$ および角度 $\bm{\theta}_\mathrm{s}$ を計算することができる．

時間差分スキームにはいろいろな方法があり，ワンステップ法 (one-step algorithm)，マルチステップ法 (multi-step algorithm) および予測子–修正子法 (predictor-corrector algorithm) に分類される．本節では DEM で広く用いられるスキームに絞って説明する．ワンステップ法では，オイラー陽解法，シンプレクティックオイラースキームおよび蛙跳び法を取り上げる．マルチステップ法では，4 次精度ルンゲ–クッタ法について紹介する．予測子–修正子法については，アダムス–バッシュホース–モールトンスキームを示す．

4.2.1　オイラー陽解法

オイラー陽解法 (Euler explicit scheme) は 1 次精度の時間差分スキームである．オイラー陽解法では，解曲線の接線の傾き $\bm{f}$ を求め，この傾きから更新

された変数を得る．プログラムを作成する上では，たとえば，並進運動の場合，位置を更新した後に，速度を更新すればよい．

具体的に，速度および位置の更新をオイラー陽解法で表すと，

$$\boldsymbol{F}_{\mathrm{C}}^{n} = \boldsymbol{f}(\boldsymbol{x}_{\mathrm{s}}^{n}, \boldsymbol{v}_{\mathrm{s}}^{n}) \tag{4.3}$$

$$\boldsymbol{v}_{\mathrm{s}}^{n+1} = \boldsymbol{v}_{\mathrm{s}}^{n} + \frac{\boldsymbol{F}_{\mathrm{C}}^{n}}{m_{\mathrm{s}}}\Delta t \tag{4.4}$$

$$\boldsymbol{x}_{\mathrm{s}}^{n+1} = \boldsymbol{x}_{\mathrm{s}}^{n} + \boldsymbol{v}_{\mathrm{s}}^{n}\Delta t \tag{4.5}$$

のようになる．$\boldsymbol{F}_{\mathrm{C}}^{n}$ は，前述のとおり，$\boldsymbol{x}_{\mathrm{s}}$ および $\boldsymbol{v}_{\mathrm{s}}$ の関数になる．

回転運動も同様の手順であり，角速度および回転角の更新は，

$$\boldsymbol{T}_{\mathrm{C}}^{n} = \boldsymbol{f}(\boldsymbol{\theta}_{\mathrm{s}}^{n}, \boldsymbol{\omega}_{\mathrm{s}}^{n}) \tag{4.6}$$

$$\boldsymbol{\omega}_{\mathrm{s}}^{n+1} = \boldsymbol{\omega}_{\mathrm{s}}^{n} + \frac{\boldsymbol{T}_{\mathrm{s}}^{n}}{\boldsymbol{I}_{\mathrm{s}}}\Delta t \tag{4.7}$$

$$\boldsymbol{\theta}_{\mathrm{s}}^{n+1} = \boldsymbol{\theta}_{\mathrm{s}}^{n} + \boldsymbol{\omega}_{\mathrm{s}}^{n}\Delta t \tag{4.8}$$

のように表される．

オイラー陽解法の精度を並進運動で確認しよう．$\boldsymbol{x}_{\mathrm{s}}(t + \Delta t)$ を t を中心にテイラー展開すると，

$$\boldsymbol{x}_{\mathrm{s}}(t+\Delta t) = \boldsymbol{x}_{\mathrm{s}}(t) + \boldsymbol{x}_{\mathrm{s}}'(t)\Delta t + \frac{1}{2}\boldsymbol{x}_{\mathrm{s}}''(t)\Delta t^2 + \cdots \tag{4.9}$$

のようになる．式 (4.9) を整理すると，

$$\boldsymbol{x}_{\mathrm{s}}(t+\Delta t) = \boldsymbol{x}_{\mathrm{s}}(t) + \boldsymbol{v}_{\mathrm{s}}(t)\Delta t + O(\Delta t^2) \tag{4.10}$$

が得られる．式 (4.10) に示されたオイラー陽解法の局所打切り誤差は，2 次精度になる．数値解析では，繰り返し計算を行うため，局所打切り誤差が累積されていく．数値解析で解くべき実際の時間 T を n 等分すると，Δt は

$$\Delta t = \frac{T}{n} \tag{4.11}$$

となる．したがって，時間積分を n 回繰り返した際の打切り誤差は，式 (4.9) の第 3 項に n を掛ければよいので，

$$E = \frac{1}{2}\boldsymbol{x}_{\mathrm{s}}''(t)\Delta t^2 \cdot n = O(\Delta t) \tag{4.12}$$

となる.これより,オイラー陽解法は1次精度であることがわかる.

オイラー陽解法は,他のスキームと比べて時間刻みを大きく設定することができるわけではないので,積極的に使用することを勧められない.既往の研究成果において,オイラー陽解法はメモリー消費が低いこと以外の利点がないことも指摘されている.

4.2.2 シンプレクティックオイラースキーム

シンプレクティックオイラースキーム (symplectic Euler scheme) は,並進運動について,速度の更新をオイラー陽解法で行い,位置の更新をオイラー陰解法 (Euler implicit scheme) で行うものである.プログラムを作成する上では,たとえば,並進運動の場合,オイラー陽解法と同じ手順で,速度を更新した後に,位置を更新すれば,シンプレクティックオイラースキームとなる.速度の時間ステップが更新されていることがポイントである.

速度および位置をシンプレクティックオイラースキームで表すと,

$$\boldsymbol{F}_\mathrm{C}^n = \boldsymbol{f}(\boldsymbol{x}_\mathrm{s}^n, \boldsymbol{v}_\mathrm{s}^n) \tag{4.13}$$

$$\boldsymbol{v}_\mathrm{s}^{n+1} = \boldsymbol{v}_\mathrm{s}^n + \frac{\boldsymbol{F}_\mathrm{C}^n}{m_\mathrm{s}}\Delta t \tag{4.14}$$

$$\boldsymbol{x}_\mathrm{s}^{n+1} = \boldsymbol{x}_\mathrm{s}^n + \boldsymbol{v}_\mathrm{s}^{n+1}\Delta t \tag{4.15}$$

のようになる.

回転運動も同様の手順であり,角速度および回転角の更新をシンプレクティックオイラースキームで表すと,

$$\boldsymbol{T}_\mathrm{s}^n = \boldsymbol{f}(\boldsymbol{\theta}_\mathrm{s}^n, \boldsymbol{\omega}_\mathrm{s}^n) \tag{4.16}$$

$$\boldsymbol{\omega}_\mathrm{s}^{n+1} = \boldsymbol{\omega}_\mathrm{s}^n + \frac{\boldsymbol{T}_\mathrm{s}^n}{\boldsymbol{I}_\mathrm{s}}\Delta t \tag{4.17}$$

$$\boldsymbol{\theta}_\mathrm{s}^{n+1} = \boldsymbol{\theta}_\mathrm{s}^n + \boldsymbol{\omega}_\mathrm{s}^{n+1}\Delta t \tag{4.18}$$

のようになる.オイラー陰解法の精度については,オイラー陽解法と同様に方法で評価することができる.

シンプレクティックオイラースキームとオイラー陽解法との違いは,位置と速度の更新の順序である.なお,粘性減衰が含まれる場合,オイラー陽解法とオ

イラー陰解法を組み合わせた本スキームのことをスプリッティングスキームとよぶことがある．本スキームはメモリ消費が少ないことが長所の1つである．このスキームは，DEMにおいて，最もよく使われている時間差分スキームの1つといえる．

4.2.3 蛙跳び法

蛙跳び法 (leap-frog method) は，position Velret method ともよばれる．蛙跳び法もシンプレクティックスキームの1つであり，並進運動 (位置および速度) と回転運動 (回転角および角速度) の精度が2次であることから，2次のシンプレクティックスキームとよばれている．

並進運動について，速度および位置の更新を蛙跳び法で表すと，

$$F_C^n = f(x_s^{n-1/2}, v_s^n) \tag{4.19}$$

$$v_s^{n+1} = v_s^n + \frac{F_C^n}{m_s}\Delta t \tag{4.20}$$

$$x_s^{n+1/2} = x_s^{n-1/2} + v_s^n \Delta t \tag{4.21}$$

のようになる．

回転運動も同様の手順であり，角速度および回転角の更新を蛙跳び法で表すと，

$$T_s^n = f(\theta_s^{n-1/2}, \omega_s^n) \tag{4.22}$$

$$\omega_s^{n+1} = \omega_s^n + \frac{T_s^n}{I_s}\Delta t \tag{4.23}$$

$$\theta_s^{n+1/2} = \theta_s^{n-1/2} + \omega_s^n \Delta t \tag{4.24}$$

のようになる．なお，蛙跳び法では，イタレーションに入る前に位置の時間刻みの半ステップ分を計算する必要がある．

蛙跳び法の精度について並進運動を例にして確認しよう．$x_s(t + \Delta t/2)$ と $x_s(t - \Delta t/2)$ をそれぞれ t を中心にテイラー展開すると，

$$x_s(t + \Delta t/2) = x_s(t) + x_s'(t)\frac{\Delta t}{2} + \frac{1}{2}x_s''(t)\left(\frac{\Delta t}{2}\right)^2 + \frac{1}{3!}x_s'''(t)\left(\frac{\Delta t}{2}\right)^3 + \cdots \tag{4.25}$$

$$\boldsymbol{x}_\mathrm{s}\left(t-\Delta t/2\right) = \boldsymbol{x}_\mathrm{s}(t) - \boldsymbol{x}'_\mathrm{s}(t)\frac{\Delta t}{2} + \frac{1}{2}\boldsymbol{x}''_\mathrm{s}(t)\left(\frac{\Delta t}{2}\right)^2 - \frac{1}{3!}\boldsymbol{x}'''_\mathrm{s}(t)\left(\frac{\Delta t}{2}\right)^3 + \cdots \tag{4.26}$$

のようになる．式 (4.25) から式 (4.26) を引くと，

$$\boldsymbol{x}_\mathrm{s}\left(t+\Delta t/2\right) - \boldsymbol{x}_\mathrm{s}\left(t-\Delta t/2\right) = \boldsymbol{v}_\mathrm{s}(t)\Delta t + O(\Delta t^3) \tag{4.27}$$

となる．これより，蛙跳び法は中心差分であり，局所打切り誤差は3次精度であることがわかる．また，式 (4.12) と同様に，n 回繰り返し計算した際の誤差は2次精度になることがわかる．

4.2.4　4次精度ルンゲ–クッタ法

　4次精度ルンゲ–クッタ法 (classical Runge–Kutta algorithm) もとてもよく用いられる時間差分スキームである．4次精度ルンゲ–クッタ法は4段階の計算からなる．4次精度ルンゲ–クッタ法では，解曲線の接線の傾き k_1, k_2, k_3 および k_4 を求め，k_1, k_2, k_3 および k_4 に 1:2:2:1 の重みをかけて得られた値と現在の時間の変数の値を用いて，更新する．

　並進運動について，速度および位置の更新を4次精度ルンゲ–クッタ法で表す．第1段階は，

$$\left.\begin{aligned}\boldsymbol{F}_\mathrm{C}^n &= \boldsymbol{f}(\boldsymbol{x}_\mathrm{s}^n, \boldsymbol{v}_\mathrm{s}^n) \\ \boldsymbol{v}'_\mathrm{s} &= \boldsymbol{v}_\mathrm{s}^n + \frac{1}{2}\frac{\boldsymbol{F}_\mathrm{C}^n}{m_\mathrm{s}}\Delta t \\ \boldsymbol{x}'_\mathrm{s} &= \boldsymbol{x}_\mathrm{s}^n + \frac{1}{2}\boldsymbol{v}_\mathrm{s}^n \Delta t\end{aligned}\right\} \tag{4.28}$$

となる．第2段階は，

$$\left.\begin{aligned}\boldsymbol{F}'_\mathrm{C} &= \boldsymbol{f}(\boldsymbol{x}'_\mathrm{s}, \boldsymbol{v}'_\mathrm{s}) \\ \boldsymbol{v}''_\mathrm{s} &= \boldsymbol{v}_\mathrm{s}^n + \frac{1}{2}\frac{\boldsymbol{F}'_\mathrm{C}}{m_\mathrm{s}}\Delta t \\ \boldsymbol{x}''_\mathrm{s} &= \boldsymbol{x}_\mathrm{s}^n + \frac{1}{2}\boldsymbol{v}'_\mathrm{s}\Delta t\end{aligned}\right\} \tag{4.29}$$

となる．第3段階は，

$$\left.\begin{aligned}\boldsymbol{F}_\mathrm{C}'' &= \boldsymbol{f}(\boldsymbol{x}_\mathrm{s}'', \boldsymbol{v}_\mathrm{s}'') \\ \boldsymbol{v}_\mathrm{s}''' &= \boldsymbol{v}_\mathrm{s}' + \frac{\boldsymbol{F}_\mathrm{C}''}{m_\mathrm{s}}\Delta t \\ \boldsymbol{x}_\mathrm{s}''' &= \boldsymbol{x}_\mathrm{s}^n + \boldsymbol{v}_\mathrm{s}''\Delta t\end{aligned}\right\} \quad (4.30)$$

となる．第4段階は，

$$\left.\begin{aligned}\boldsymbol{F}_\mathrm{C}''' &= \boldsymbol{f}(\boldsymbol{x}_\mathrm{s}''', \boldsymbol{v}_\mathrm{s}''') \\ \boldsymbol{v}_\mathrm{s}^{n+1} &= \boldsymbol{v}_\mathrm{s}^n + \frac{1}{m_\mathrm{s}}\left(\boldsymbol{F}_\mathrm{C}^n + 2\boldsymbol{F}_\mathrm{C}' + 2\boldsymbol{F}_\mathrm{C}'' + \boldsymbol{F}_\mathrm{C}'''\right)\frac{\Delta t}{6} \\ \boldsymbol{x}_\mathrm{s}^{n+1} &= \boldsymbol{x}_\mathrm{s}^n + \left(\boldsymbol{v}_\mathrm{s}^n + 2\boldsymbol{v}_\mathrm{s}' + 2\boldsymbol{v}_\mathrm{s}'' + \boldsymbol{v}_\mathrm{s}'''\right)\frac{\Delta t}{6}\end{aligned}\right\} \quad (4.31)$$

となる．

回転運動も同様の手順であり，角速度および回転角の更新を4次精度ルンゲ−クッタ法で表すと，第1段階から第4段階は，それぞれ，

$$\left.\begin{aligned}\boldsymbol{T}_\mathrm{s}^n &= \boldsymbol{f}(\boldsymbol{\theta}_\mathrm{s}^n, \boldsymbol{\omega}_\mathrm{s}^n) \\ \boldsymbol{\omega}_\mathrm{s}' &= \boldsymbol{\omega}_\mathrm{s}^n + \frac{1}{2}\frac{\boldsymbol{T}_\mathrm{s}^n}{\boldsymbol{I}_\mathrm{s}}\Delta t \\ \boldsymbol{\theta}_\mathrm{s}' &= \boldsymbol{\theta}_\mathrm{s}^n + \frac{1}{2}\boldsymbol{\omega}_\mathrm{s}^n\Delta t\end{aligned}\right\} \quad (4.32)$$

$$\left.\begin{aligned}\boldsymbol{T}_\mathrm{s}' &= \boldsymbol{f}(\boldsymbol{\theta}_\mathrm{s}', \boldsymbol{\omega}_\mathrm{s}') \\ \boldsymbol{\omega}_\mathrm{s}'' &= \boldsymbol{\omega}_\mathrm{s}^n + \frac{1}{2}\frac{\boldsymbol{T}_\mathrm{C}'}{\boldsymbol{I}_\mathrm{s}}\Delta t \\ \boldsymbol{\theta}_\mathrm{s}'' &= \boldsymbol{\theta}_\mathrm{s}^n + \frac{1}{2}\boldsymbol{\omega}_\mathrm{s}'\Delta t\end{aligned}\right\} \quad (4.33)$$

$$\left.\begin{aligned}\boldsymbol{T}_\mathrm{s}'' &= \boldsymbol{f}(\boldsymbol{\theta}_\mathrm{s}'', \boldsymbol{\omega}_\mathrm{s}'') \\ \boldsymbol{\omega}_\mathrm{s}''' &= \boldsymbol{\omega}_\mathrm{s}' + \frac{\boldsymbol{T}_\mathrm{s}''}{\boldsymbol{I}_\mathrm{s}}\Delta t \\ \boldsymbol{\theta}_\mathrm{s}''' &= \boldsymbol{\theta}_\mathrm{s}^n + \boldsymbol{\omega}_\mathrm{s}''\Delta t\end{aligned}\right\} \quad (4.34)$$

$$\left.\begin{aligned}\boldsymbol{T}_\mathrm{s}''' &= \boldsymbol{f}(\boldsymbol{\theta}_\mathrm{s}''', \boldsymbol{\omega}_\mathrm{s}''') \\ \boldsymbol{\omega}_\mathrm{s}^{n+1} &= \boldsymbol{\omega}_\mathrm{s}^n + \frac{1}{\boldsymbol{I}_\mathrm{s}}\left(\boldsymbol{T}_\mathrm{s}^n + 2\boldsymbol{T}_\mathrm{s}' + 2\boldsymbol{T}_\mathrm{s}'' + \boldsymbol{T}_\mathrm{s}'''\right)\frac{\Delta t}{6} \\ \boldsymbol{\theta}_\mathrm{s}^{n+1} &= \boldsymbol{\theta}_\mathrm{s}^n + \left(\boldsymbol{\omega}_\mathrm{s}^n + 2\boldsymbol{\omega}_\mathrm{s}' + 2\boldsymbol{\omega}_\mathrm{s}'' + \boldsymbol{\omega}_\mathrm{s}'''\right)\frac{\Delta t}{6}\end{aligned}\right\} \quad (4.35)$$

のように与えられる．

このように，4次精度のルンゲ–クッタ法では1ステップあたり4回導関数を計算する必要がある．その結果，4次精度のルンゲ–クッタ法を使用すると，計算負荷が大きくなる可能性がある．

4次精度ルンゲクッタ法の導出は複雑であるが，テイラー展開を用いて示すことができる．導出に興味のある読者は，専門書 (たとえば，文献5) を参照されたい．

4.2.5 予測子–修正子法

予測子–修正子法とは，陽的なスキームである予測子 (predictor) と陰的なスキームである修正子 (corrector) を組み合わせたものである．文字通り，予測子を用いて近似値を予測し，修正子を用いて修正する．本節では，アダムス–バッシュホース–モールトンスキーム (Adams–Bashforth–Moulton scheme) について述べる．

まず，並進運動の速度および位置の更新について示す．予測子の計算は，

$$\left.\begin{aligned}
\boldsymbol{F}_\mathrm{C}^n &= \boldsymbol{f}(\boldsymbol{x}_\mathrm{s}^n, \boldsymbol{v}_\mathrm{s}^n) \\
\boldsymbol{F}_\mathrm{C}^{n-1} &= \boldsymbol{f}(\boldsymbol{x}_\mathrm{s}^{n-1}, \boldsymbol{v}_\mathrm{s}^{n-1}) \\
\boldsymbol{F}_\mathrm{C}^{n-2} &= \boldsymbol{f}(\boldsymbol{x}_\mathrm{s}^{n-2}, \boldsymbol{v}_\mathrm{s}^{n-2}) \\
\boldsymbol{v}_\mathrm{s}' &= \boldsymbol{v}_\mathrm{s}^n + \left(23\boldsymbol{F}_\mathrm{C}^n - 16\boldsymbol{F}_\mathrm{C}^{n-1} + 5\boldsymbol{F}_\mathrm{C}^{n-2}\right) \frac{\Delta t}{12 m_\mathrm{s}} \\
\boldsymbol{x}_\mathrm{s}' &= \boldsymbol{x}_\mathrm{s}^n + \left(23\boldsymbol{v}_\mathrm{s}^n - 16\boldsymbol{v}_\mathrm{s}^{n-1} + 5\boldsymbol{v}_\mathrm{s}^{n-2}\right) \frac{\Delta t}{12}
\end{aligned}\right\} \quad (4.36)$$

のようになる．修正子の計算は，

$$\left.\begin{aligned}
\boldsymbol{F}_\mathrm{C}' &= \boldsymbol{f}(\boldsymbol{x}_\mathrm{s}', \boldsymbol{v}_\mathrm{s}') \\
\boldsymbol{v}_\mathrm{s}^{n+1} &= \boldsymbol{v}_\mathrm{s}^n + \left(9\boldsymbol{F}_\mathrm{C}' + 19\boldsymbol{F}_\mathrm{C}^n - 5\boldsymbol{F}_\mathrm{C}^{n-1} + \boldsymbol{F}_\mathrm{C}^{n-2}\right) \frac{\Delta t}{24 m_\mathrm{s}} \\
\boldsymbol{x}_\mathrm{s}^{n+1} &= \boldsymbol{x}_\mathrm{s}^n + \left(9\boldsymbol{v}_\mathrm{s}' + 19\boldsymbol{v}_\mathrm{s}^n - 5\boldsymbol{v}_\mathrm{s}^{n-1} + \boldsymbol{v}_\mathrm{s}^{n-2}\right) \frac{\Delta t}{24}
\end{aligned}\right\} \quad (4.37)$$

のようになる．

回転運動の角速度および回転角の更新も同様である．予測子の計算は，

$$
\left.\begin{aligned}
\boldsymbol{T}_{\mathrm{C}}^{n} &= \boldsymbol{f}(\boldsymbol{x}_{\mathrm{s}}^{n}, \boldsymbol{v}_{\mathrm{s}}^{n}) \\
\boldsymbol{T}_{\mathrm{C}}^{n-1} &= \boldsymbol{f}(\boldsymbol{x}_{\mathrm{s}}^{n-1}, \boldsymbol{v}_{\mathrm{s}}^{n-1}) \\
\boldsymbol{T}_{\mathrm{C}}^{n-2} &= \boldsymbol{f}(\boldsymbol{x}_{\mathrm{s}}^{n-2}, \boldsymbol{v}_{\mathrm{s}}^{n-2}) \\
\boldsymbol{\omega}_{\mathrm{s}}' &= \boldsymbol{\omega}_{\mathrm{s}}^{n} + \left(23\boldsymbol{T}_{\mathrm{C}}^{n} - 16\boldsymbol{T}_{\mathrm{C}}^{n-1} + 5\boldsymbol{T}_{\mathrm{C}}^{n-2}\right) \frac{\Delta t}{12 m_{\mathrm{s}}} \\
\boldsymbol{x}_{\mathrm{s}}' &= \boldsymbol{x}_{\mathrm{s}}^{n} + \left(23\boldsymbol{\omega}_{\mathrm{s}}^{n} - 16\boldsymbol{\omega}_{\mathrm{s}}^{n-1} + 5\boldsymbol{\omega}_{\mathrm{s}}^{n-2}\right) \frac{\Delta t}{12}
\end{aligned}\right\} \quad (4.38)
$$

のようになる．修正子の計算は，

$$
\left.\begin{aligned}
\boldsymbol{T}_{\mathrm{C}}' &= \boldsymbol{f}(\boldsymbol{x}_{\mathrm{s}}', \boldsymbol{v}_{\mathrm{s}}') \\
\boldsymbol{\omega}_{\mathrm{s}}^{n+1} &= \boldsymbol{\omega}_{\mathrm{s}}^{n} + \left(9\boldsymbol{T}_{\mathrm{C}}' + 19\boldsymbol{T}_{\mathrm{C}}^{n} - 5\boldsymbol{T}_{\mathrm{C}}^{n-1} + \boldsymbol{T}_{\mathrm{C}}^{n-2}\right) \frac{\Delta t}{24 m_{\mathrm{s}}} \\
\boldsymbol{\theta}_{\mathrm{s}}^{n+1} &= \boldsymbol{\theta}_{\mathrm{s}}^{n} + \left(9\boldsymbol{\omega}_{\mathrm{s}}' + 19\boldsymbol{\omega}_{\mathrm{s}}^{n} - 5\boldsymbol{\omega}_{\mathrm{s}}^{n-1} + \boldsymbol{\omega}_{\mathrm{s}}^{n-2}\right) \frac{\Delta t}{24}
\end{aligned}\right\} \quad (4.39)
$$

のようになる．

予測子において，アダムス–バッシュホース–モールトンスキームの精度を確認してみよう．修正子も同様の手順で精度を確認することができる．

ニュートン後退差分内挿公式は，

$$\boldsymbol{x}_{\mathrm{s}}(t_n + k\Delta t) = \boldsymbol{x}_{\mathrm{s}}(t_n) + k\nabla \boldsymbol{x}_{\mathrm{s}}(t_n) + \frac{k(k+1)}{2!}\nabla^2 \boldsymbol{x}_{\mathrm{s}}(t_n) + \cdots \quad (4.40)$$

$$\boldsymbol{v}_{\mathrm{s}}(t_n + k\Delta t) = \boldsymbol{v}_{\mathrm{s}}(t_n) + k\nabla \boldsymbol{v}_{\mathrm{s}}(t_n) + \frac{k(k+1)}{2!}\nabla^2 \boldsymbol{v}_{\mathrm{s}}(t_n) + \cdots \quad (4.41)$$

のように表される．ここで，∇ は後退差分演算子を意味し，たとえば，$f(\boldsymbol{x}_n)$ に後退差分演算子を使用すると，

$$\nabla f(\boldsymbol{x}_n) = f(\boldsymbol{x}_n) - f(\boldsymbol{x}_{n-1}) \quad (4.42)$$

のようになる．式 (4.40) および (4.41) 中の k は任意のパラメータである．

いま，$\boldsymbol{x}_{\mathrm{s}}(t_n + k\Delta t)$ を求めたい．式 (4.41) の両辺を $k=0$ から $k=1$ まで定積分する．式 (4.41) の各項は，

$$\int_0^1 \boldsymbol{v}_{\mathrm{s}}(t_n + k\Delta t)\,\mathrm{d}k = \frac{\boldsymbol{x}_{\mathrm{s}}(t_n + \Delta t) - \boldsymbol{x}_{\mathrm{s}}(t_n)}{\Delta t} \quad (4.43)$$

$$\int_0^1 \boldsymbol{v}_{\mathrm{s}}(t_n)\,\mathrm{d}k = \boldsymbol{v}_{\mathrm{s}}(t_n) \quad (4.44)$$

$$\int_0^1 k\nabla \boldsymbol{v}_\mathrm{s}(t_n)\,\mathrm{d}k = \frac{1}{2}\left[\boldsymbol{v}_\mathrm{s}(t_n) - \boldsymbol{v}_\mathrm{s}(t_{n-1})\right] \tag{4.45}$$

$$\int_0^1 \frac{k(k+1)}{2!}\nabla^2 \boldsymbol{v}_\mathrm{s}(t_n)\,\mathrm{d}k = \frac{5}{12}\left[\boldsymbol{v}_\mathrm{s}(t_n) - 2\boldsymbol{v}_\mathrm{s}(t_{n-1}) + \boldsymbol{v}_\mathrm{s}(t_{n-1})\right] \tag{4.46}$$

のようになる．式 (4.43)～(4.46) を式 (4.41) に代入すると，

$$\boldsymbol{x}_\mathrm{s}(t_n + \Delta t) = \boldsymbol{x}_\mathrm{s}(t_n) + [23\boldsymbol{v}_\mathrm{s}(t_n) - 16\boldsymbol{v}_\mathrm{s}(t_{n-1}) + 5\boldsymbol{v}_\mathrm{s}(t_{n-2})]\frac{\Delta t}{12} \tag{4.47}$$

が得られる．

4.2.6　時間差分スキームの選択方法

4.2.1～4.2.5 項では，ワンステップ法，マルチステップ法および予測子–修正子法において，DEM でよく用いられるスキームを紹介した．本節で紹介した以外にもいろいろなスキームが開発されている．先に示した文献 [1–6] を見れば，いかに多くのスキームが開発されているのかがわかるであろう．

どの時間差分スキームを使用するのがいいのか？これには，計算負荷，メモリ消費および計算精度のバランスを考慮して選択することになる．計算速度やメモリ消費を犠牲にしてでも，高い精度が必要になる場合は，4 次精度ルンゲ–クッタ法や予測子–修正子法を使用するのがいいと思う．固体–流体連成問題の多くは流体解析での計算負荷が高いことやメモリ消費が大きいことから，シンプレクティックオイラースキームや蛙跳び法のようなワンステップを使用することが多くなると思う．

4.3　行　列　解　法

粉体と流体を連成する問題，いわゆる"流体–固体連成問題"では，流体である気体や液体を非圧縮性流体とみなすことが多い．最新の粉体シミュレーションに関する研究では，粉体を DEM で解析し，非圧縮性流体を有限差分法や有限体積法で解析することが多い．このような数値解析では，DEM と流体解析は運動量のみを交換する．固相および連続相を同一の行列で解析しない観点から，弱連成であるといえる．

非圧縮性流体の数値解析は，かなり成熟されており，既往の解析手法をそのまま流体–固体連成問題に導入することができる．3章で示したように，非圧縮性流体の数値解析では，ポアソン方程式を解くことにより圧力を得る．このポアソン方程式は，連立1次方程式であり，陰的に解く必要がある．本書で扱う流体解析では，元数が大きく，係数がほとんど0であるような疎行列となる．このような行列の計算には，反復解法が用いられる．本節では代表的な反復解法について述べる．

4.3.1 行列方程式

線形の連立方程式は，ベクトル形式を用いると，

$$A\bm{x} = \bm{b} \tag{4.48}$$

のように表される．A は係数行列とよばれ，a_{ij} を要素とする行列である．n 個の未知数に関する n 個の線形の連立方程式の場合，式 (4.48) は，$\bm{x}$ および $\bm{b}$ を $\bm{x} =^t [x_1, x_2, \cdots, x_n]$, $\bm{b} =^t [b_1, b_2, \cdots, b_n]$ のように記す．式 (4.48) を成分表示すると，

$$\left. \begin{aligned} a_{11}x_1 + a_{12}x_2 + a_{13}x_3 + \cdots + a_{1n}x_n &= b_1 \\ a_{21}x_1 + a_{22}x_2 + a_{23}x_3 + \cdots + a_{2n}x_n &= b_2 \\ &\vdots \\ a_{i1}x_1 + a_{i2}x_2 + a_{i3}x_3 + \cdots + a_{in}x_n &= b_i \\ &\vdots \\ a_{n1}x_1 + a_{n2}x_2 + a_{n3}x_3 + \cdots + a_{nn}x_n &= b_n \end{aligned} \right\} \tag{4.49}$$

または，

$$\begin{pmatrix} a_{11} & a_{12} & \cdots & a_{1n} \\ a_{21} & a_{22} & \cdots & a_{2n} \\ \vdots & \vdots & \ddots & \vdots \\ a_{n1} & a_{n2} & \cdots & a_{nn} \end{pmatrix} \begin{pmatrix} x_1 \\ x_2 \\ \vdots \\ x_n \end{pmatrix} = \begin{pmatrix} b_1 \\ b_2 \\ \vdots \\ b_n \end{pmatrix} \tag{4.50}$$

のように表される．$\det A \neq 0$ であれば，A は n 次正方正則行列であり，上記の連立1次方程式は解をもつ．以下に n 次正方正則行列の数値解法について説

明する．なお，行列の数値解法の説明にあたり，上三角行列を U，下三角行列を L，対角行列を D を用いる．当然ながら $A = L + D + U$ となる．

4.3.2 ヤ コ ビ 法

ヤコビ法 (Jacobi iterative method) は最も単純な反復解法であり，非対角成分を右辺に移項して得られる．すなわち，

$$\boldsymbol{x}^{(k+1)} = -D^{-1}(L+U)\boldsymbol{x}^{(k)} + D^{-1}\boldsymbol{b} \tag{4.51}$$

となる．なお，これを成分で表すと，

$$\left.\begin{array}{l} x_1^{(k+1)} = \dfrac{1}{a_{11}}\left(b_1 - a_{12}x_2^{(k)} - a_{13}x_3^{(k)} - \cdots - a_{1n}x_n^{(k)}\right) \\[1ex] x_2^{(k+1)} = \dfrac{1}{a_{22}}\left(b_2 - a_{21}x_1^{(k)} - a_{23}x_3^{(k)} - \cdots - a_{2n}x_n^{(k)}\right) \\[1ex] \quad\vdots \\[1ex] x_i^{(k+1)} = \dfrac{1}{a_{ii}}\left(b_i - \sum_{j=1}^{n} a_{ij}x_j^{(k)}\right) \quad (j \neq i) \\[1ex] \quad\vdots \\[1ex] x_n^{(k+1)} = \dfrac{1}{a_{nn}}\left(b_1 - a_{n1}x_1^{(k)} - a_{n2}x_2^{(k)} - \cdots - a_{nn-1}x_{n-1}^{(k)}\right) \end{array}\right\} \tag{4.52}$$

となる．ヤコビ法では，式 (4.51) または (4.52) を用いて，初期に $\boldsymbol{x}^{(0)}$ を与え，逐次 $\boldsymbol{x}^{(k)}$ を反復計算により解を求める．反復計算により，$\boldsymbol{x}^{(k)} = \boldsymbol{x}^{(k+1)}$ が成立すれば，$\boldsymbol{x}^{(k)}$ は連立 1 次方程式の解となる．実際には，解が十分に収束したことが確認されたら，反復計算を終了して，連立 1 次方程式の解とする．収束判定には，L2 ノルムを用いて，

$$||\boldsymbol{x}^{(k+1)} - \boldsymbol{x}^{(k)}||_2^2 = \sum_{i=1}^{n}(x_i^{(k+1)} - x_i^{(k)})^2 < \delta \tag{4.53}$$

が成り立てば，収束したと判定する．ここで，δ は十分に小さな値 (たとえば，1.0×10^{-8}) である．ヤコビ法において，係数行列 A が対角要素の絶対値の和の方が非対角要素の絶対値の和よりも大きくなる対角優位行列，すなわち，

$$|a_{ii}| > \sum_{i \neq j, j=1}^{n} |a_{ij}| \quad (i = 1, 2, \cdots, n) \tag{4.54}$$

であれば，収束することが知られている．ヤコビ法は，後述する他の反復法に比べて計算時間を要するが，並列計算を導入しやすいという利点がある．

4.3.3　ガウス–ザイデル法

ガウス–ザイデル法 (Gauss–Seidel method) は，ヤコビ法を変形した反復解法である．ヤコビ法では，$\boldsymbol{x}^{(k+1)}$ を求めるために $\boldsymbol{x}^{(k)}$ のみを使用したが，ガウス–ザイデル法では，できるだけ更新された $\boldsymbol{x}$ の値を使用する．ガウス–ザイデル法は，ヤコビ法に比べて収束が速い．ガウス–ザイデル法の解法はヤコビ法と同様に，初期に $\boldsymbol{x}^{(0)}$ を与え，逐次 $\boldsymbol{x}^{(k)}$ を反復計算により解を求める．すなわち，ガウス–ザイデル法は，

$$\boldsymbol{x}^{(k+1)} = -D^{-1}L\boldsymbol{x}^{(k+1)} - D^{-1}U\boldsymbol{x}^{(k)} + D^{-1}\boldsymbol{b} \tag{4.55}$$

または，式 (4.55) の $\boldsymbol{x}^{(k+1)}$ を左辺にまとめて，

$$(E + D^{-1}L)\boldsymbol{x}^{(k+1)} = -D^{-1}U\boldsymbol{x}^{(k)} + D^{-1}\boldsymbol{b} \tag{4.56}$$

のように表される．ここで，E は単位行列である．式 (4.55) を用いてガウス–ザイデル法を成分表記すると，

$$\left. \begin{aligned} x_1^{(k+1)} &= \frac{1}{a_{11}} \left(b_1 - a_{12}x_2^{(k)} - a_{13}x_3^{(k)} - \cdots - a_{1n}x_n^{(k)} \right) \\ x_2^{(k+1)} &= \frac{1}{a_{22}} \left(b_2 - a_{21}x_1^{(k+1)} - a_{23}x_3^{(k)} - \cdots - a_{2n}x_n^{(k)} \right) \\ &\vdots \\ x_i^{(k+1)} &= \frac{1}{a_{ii}} \left(b_i - \sum_{j=1}^{i-1} a_{ij}x_j^{(k+1)} - \sum_{j=1}^{i+1} a_{ij}x_j^{(k)} \right) \quad (j \neq i) \\ &\vdots \\ x_n^{(k+1)} &= \frac{1}{a_{nn}} \left(b_1 - a_{n1}x_1^{(k+1)} - a_{n2}x_2^{(k+1)} - \cdots - a_{nn-1}x_{n-1}^{(k+1)} \right) \end{aligned} \right\} \tag{4.57}$$

となる．ガウス–ザイデル法も，ヤコビ法と同様に係数行列 A が対角優位行列となる場合に収束であり，収束条件は式 (4.53) である．

ガウス–ザイデル法を改良した解法で，解が収束するまでの反復回数を少なく収束速度を向上したものに Successive Over-Relaxation (SOR) 法がある．SOR の詳細については本書では割愛するが，ガウス–ザイデル法に類似した解法であり，緩和パラメータ (relaxation parameter) w を $1 < w < 2$ に設定することにより収束速度を上げることができる．

4.3.4 共役勾配法

共役勾配法 (conjugate gradient method; CG method) は，前述のヤコビ法やガウス–ザイデル法に比べて，きわめて速く収束解が得られることから数値流体力学では広く使われている．また，共役勾配法は，反復計算法でありながら，有限回数の繰り返し計算で厳密解に達することが理論的に示されている．ここでは，共役勾配法の導入方法を説明する．共役勾配法の導出などの詳細に興味のある読者は専門書[5, 8, 9]を参考にされたい．

係数行列 A が正則な正値対称行列とするとき，連立方程式

$$A\boldsymbol{x} = \boldsymbol{b} \tag{4.58}$$

に対して，共役勾配法では，次のアルゴリズムで解ベクトル $\boldsymbol{x}$ を計算する．

共役勾配法では，まず，初期ステップ (ステップ $k = 0$) において近似解 $\boldsymbol{x}^{(0)}$ を適当に与え，残差 $\boldsymbol{r}^{(0)}$ を

$$\boldsymbol{r}^{(0)} = \boldsymbol{b} - A\boldsymbol{x}^{(0)} \tag{4.59}$$

とし，探索方向 $\boldsymbol{p}^{(0)}$ を

$$\boldsymbol{p}^{(0)} = \boldsymbol{r}^{(0)} \tag{4.60}$$

とする．

このように，近似解，探索方向および残差の初期値を設定した後，以下のプロセスを $k=0$ から反復計算を行い近似解を求める．α を

$$\alpha^{(k)} = \frac{\boldsymbol{p}^{(k)} \cdot \boldsymbol{r}^{(k)}}{\boldsymbol{p}^{(k)} \cdot A\boldsymbol{p}^{(k)}} = \frac{\boldsymbol{r}^{(k)} \cdot \boldsymbol{r}^{(k)}}{\boldsymbol{p}^{(k)} \cdot A\boldsymbol{p}^{(k)}} \tag{4.61}$$

のように求める.

α を用いて,近似解 $\boldsymbol{x}$ および残差 $\boldsymbol{r}$ を

$$\boldsymbol{x}^{(k+1)} = \boldsymbol{x}^{(k)} - \alpha^{(k)}\boldsymbol{p}^{(k)} \tag{4.62}$$

$$\boldsymbol{r}^{(k+1)} = \boldsymbol{r}^{(k)} - \alpha^{(k)}A\boldsymbol{p}^{(k)} \tag{4.63}$$

のように更新する.

もし,収束条件を満たせばここで計算を完了となる.収束条件が満たされない場合,さらに,β および探索方向 $\boldsymbol{p}$ を

$$\beta^{(k)} = \frac{\boldsymbol{r}^{(k+1)} \cdot \boldsymbol{r}^{(k+1)}}{\boldsymbol{r}^{(k)} \cdot \boldsymbol{r}^{(k)}} \tag{4.64}$$

$$\boldsymbol{p}^{(k+1)} = \boldsymbol{r}^{(k+1)} - \beta^{(k)}\boldsymbol{p}^{(k)} \tag{4.65}$$

のように求める.再び式 (4.61) を計算し,同様の手順の計算を繰り返し行う.共役勾配法において,最も計算時間を要するプロセスは行列・ベクトル積である.共役勾配法では,最低 1 回の行列・ベクトル積を計算する必要がある.

4.3.5 安定化双共役勾配法

共役勾配法では,対称行列のみを取り扱うことができたが,数値流体力学の問題では,非対称の行列を計算することがしばしばある.共役勾配法系の解法の中で,安定かつ広く使われている非対称行列解法の安定化双共役勾配法 (biconjugate gradient stabilized method: Bi-CGSTAB method) についても導入方法を説明する.

Bi-CGSTAB 法では,まず初期ステップ (ステップ $k = 0$) における近似解 $\boldsymbol{x}^{(0)}$ を適当に与え,残差 $\boldsymbol{r}^{(0)}$ および探索方向 $\boldsymbol{p}^{(0)}$ を

$$\boldsymbol{r}^{(0)} = \boldsymbol{b} - A\boldsymbol{x}^{(0)} \tag{4.66}$$

$$\boldsymbol{p}^{(0)} = \boldsymbol{r}^{(0)} \tag{4.67}$$

とする.

$\boldsymbol{s} \cdot \boldsymbol{r} \neq 0$ となるような $\boldsymbol{s}$ を選び,ここでは

$$\boldsymbol{s} = \boldsymbol{r}^{(0)} \tag{4.68}$$

とする.

このように，初期値を設定した後，以下のプロセスを $k=0$ から反復計算を行い近似解を求める．

$$\alpha^{(k)} = \frac{\boldsymbol{s} \cdot \boldsymbol{r}^{(k)}}{\boldsymbol{s}^{(k)} \cdot A\boldsymbol{p}^{(k)}} \tag{4.69}$$

$$\boldsymbol{t}^{(k)} = \boldsymbol{r}^{(k)} - \alpha^{(k)} A\boldsymbol{p}^{(k)} \tag{4.70}$$

$$\omega^{(k)} = \frac{A\boldsymbol{t}^{(k)} \cdot \boldsymbol{t}^{(k)}}{A\boldsymbol{t}^{(k)} \cdot A\boldsymbol{t}^{(k)}} \tag{4.71}$$

$$\boldsymbol{x}^{(k+1)} = \boldsymbol{x}^{(k)} + \alpha^{(k)} \boldsymbol{p}^{(k)} + \xi^{(k)} \boldsymbol{t}^{(k)} \tag{4.72}$$

$$\boldsymbol{r}^{(k+1)} = \boldsymbol{t}^{(k)} - \omega^{(k)} A\boldsymbol{t}^{(k)} \tag{4.73}$$

もし，収束条件を満たせばここで計算を完了となる．収束条件が満たされない場合，さらに，β および $\boldsymbol{P}$ を

$$\beta^{(k)} = \frac{\alpha_k}{\omega_k} \frac{\boldsymbol{s} \cdot \boldsymbol{r}^{(k+1)}}{\boldsymbol{s}^{(k)} \cdot \boldsymbol{r}^{(k)}} \tag{4.74}$$

$$\boldsymbol{p}^{(k+1)} = \boldsymbol{r}^{(k+1)} + \beta^{(k)} \left(\boldsymbol{p}^{(k)} - \omega^{(k)} A\boldsymbol{p}^{(k)} \right) \tag{4.75}$$

のように求める．再び式 (4.69) を計算し，同様の手順の計算を繰り返し行う．共役勾配法と同様に，Bi-CGSTAB 法においても最も計算時間を要するプロセスは行列・ベクトル積である．Bi-CGSTAB 法では，最低2回の行列・ベクトル積を計算する必要がある．

4.4 おわりに

本章では，粉体シミュレーション手法に使用する数値計算手法について述べた．まず，DEM における固体粒子の位置，速度などの更新に用いる時間差分スキームについて典型的なものを紹介した．次に，固体–流体連成問題の非圧縮性流体解析のポアソン方程式を解くための行列解法について説明した．これらの知識は，次章以降で活用する．

文　献

[1] H. Kruggel-Emden, M. Sturm, S. Wirtz, V. Scherer, "Selection of an appropriate time integration scheme for the discrete element method (DEM)," Comput. Chem. Eng. **32** (2008) 2263–2279.

[2] R. Tuley, M. Danby, J. Shrimpton, M. Palmer, "On the optimal numerical time integration for Lagrangian DEM within implicit flow solvers," Comput. Chem. Eng. **34** (2010) 886–899.

[3] F. Y. Fraige, P. A. Langston, "On the optimal numerical time integration for Lagrangian DEM within implicit flow solvers," Adv. Powder Technol. **15** (2004) 227–245.

[4] E. Rougier, A. Munjiza, N. W. M. John, "Numerical comparison of some explicit time integration schemes used in DEM, FEM/DEM and molecular dynamics," Int. J. Numer. Meth. Eng. **61** (2004) 856–879.

[5] 佐藤次男, 中村理一郎, よくわかる 数値計算, 日刊工業新聞社 (2001).

[6] J. H. Ferziger, M. Peric, Computational Methods for Fluid Dynamics, Springer (2001).

[7] J. H. Ferziger, M. Peric (小林敏雄, 谷口伸行, 坪倉 誠 訳), コンピュータによる流体力学, シュプリンガーフェアラーク東京 (2003).

[8] 柳瀬真一郎, 水島次郎, 理工学のための数値計算法, 数理工学社 (2002).

[9] 長谷川里美, 長谷川秀彦, 藤野清次, 反復法 Templates, 朝倉書店 (1996).

5 並列計算

5.1 はじめに

　これまで述べてきたように，離散要素法[1]では個々の粒子を計算する．したがって，粒子数の増加に伴って，計算負荷は増加していく．産業界では，一体どのくらいの粒子数が必要になるだろうか．スプーン1杯の砂糖が数十万粒子であるといわれている．他方，産業界では10億粒子オーダーの計算粒子が必要になるともいわれている．現在1台のPC (Personal Computer) で計算可能な粒子数は，数十万～数百万程度にすぎない．このため，高性能コンピュータを用いたとしても産業界の粉体プロセスの計算には莫大な計算負荷がかかる．多くの粒子を取り扱う体系を高速に計算するには，並列計算を中心とした高速な計算手法が必要になる．

　並列計算には，多大な投資が必要であったため，容易には導入することができなかった．しかし，最近は一般向け共有メモリ型のPCを用いて並列計算を行うことができるようになってきた．そこで，本書では一般向けPCを用いて離散要素法の並列処理を行い，高い計算能力を実現するための方法について述べる．

5.2 計算機用プロセッサの歴史

まず，計算に使われるプロセッサ (processor) の歴史について述べる．現在のPCに搭載されているようなプロセッサは，1970年代に発売されたインテル4004[2]やインテル8008，モトローラMC6800[3]，ザイログZ80[4]といったマイクロプロセッサにさかのぼることができる．当初のプロセッサはごく小規模な回路で，さらに計算速度も遅いものであったが，電卓や初期の個人向けコンピュータの他，機器制御用コンピュータとしても利用された．その後，より高速な計算が可能な計算用プロセッサと消費電力や回路規模を小さく抑えた機器制御用組込みプロセッサの2種に発展していった．計算用プロセッサとして最も有名な系列は，1970年代末に登場したインテル8086である．このプロセッサは後に80368，Pentium，Core2，Core i7といったx86系とよばれるCPU (Central Processing Unit) へと発展した．x86系CPUはAMD[5]をはじめ各社から互換プロセッサも発売されており，2011年現在までに一般PCからスーパーコンピュータまで広く使われている．

計算プロセッサが登場して以来，計算速度向上のために各社で開発競争が始まった．初期のプロセッサは数百kHzのクロックで動作していた．2011年現在のプロセッサは2〜3GHz程度のクロックが主流であるので，最初期から比べると，ざっと7桁ほどクロックが向上したことになる．この驚異的なクロック向上競争は，1990年代が最も激しく，1990年代はじめに10MHz程度だったものが，1995年頃には10倍の100MHz程度となり，2000年頃までにさらに10倍の1GHzを突破している．

ところが，2000年代に入り，高クロック化と回路集約の高度化により，CPUの発熱と過大な消費電力，また回路内での電流漏れが問題となってきた．さらには，高クロック化により，1クロック分の時間が短くなり，世の中で最も速い光でさえ1クロックで数十cm程度しか進めなくなり，回路内の配線の長さが制限されることも問題になってきた．このような問題を抑えるためには技術革新が必要となり，現状の技術の延長ではクロックの大幅な向上は期待できなくなった．ついに2004年にインテルはPentium 4プロセッサの4GHz版開発

を断念した．AMD などの他社も同様に 4 GHz プロセッサ開発を断念したことで，クロックアップに対する熾烈な開発競争は終了した．

各メーカーは，クロックアップにかわり，プロセッサのマルチコア (mutli-cores) 化に方針転換した．これは，1 つの CPU の中に計算コアを複数搭載するというものである．かつてはスーパーコンピュータなどで，複数の CPU を搭載することでマルチコアを実現していたものがあったが，これを 1 つの CPU 内で実現することになる．このようなマルチコアプロセッサでは，コア数が増える一方で，単体コアあたりのクロックは若干低下した．たとえば，単一のコアのみを搭載する Pentium 4 シリーズの最高クロックは 3.8 GHz であったが，その次に開発された，2 コアを搭載する Core 2 Extreme X6800 プロセッサは 2.93 GHz であった．コア全体を合計したクロック数で見れば，Core 2 Extreme の方が優れている．このように，最近のプロセッサは比較的低クロックのコアを多数搭載する方向で開発されており，この多コア化の傾向はしばらくの間は続くと予想される．

近年，画像処理用のプロセッサである GPU (Graphics Processing Unit)[5, 6] のように，画像処理用の単純な計算コアを数百個単位で搭載するメニーコア (many-cores) プロセッサも登場している．GPU は画像処理以外に，超並列度の共有メモリ型並列計算機として汎用計算に用いることができる．このような使い方は GPGPU (General-Purpose GPU) ともよばれており，様々な科学分野に用いられている．本章で述べる並列計算技法は，GPU のようなメニーコアプロセッサにおいても有効である．

なお，プロセッサのコアの計算性能を比較するとき，クロックの高低はさほど重要ではない．これは，異なる種類のプロセッサであれば内部構造も異なるため，1 つの演算に要するクロック数に違いが出るためである．さらに，近年のプロセッサは，MMX や SSE など，1 回の演算で複数のデータを同時に処理する SIMD (Single Instruction Multiple Data) 演算が可能となっており，これらの効率などでも性能が変わることも原因にあげられる．

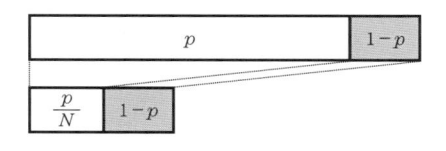

図 **5.1** アムダールの法則

5.2.1 アムダールの法則と並列計算

数値計算において，特に工夫なしにプログラムを書いた場合，単一の計算コアだけを使うプログラムになる．しかし，このようなプログラムでは，複数の計算コアを使うことができないため，プロセッサの発展による計算速度はあまり期待できない．そこで，複数の計算コアを活用するために，並列計算技術が必要になる．また，アムダールの法則 (Amdahl's law)[7] によれば，図 5.1 のように，プログラムのうち，並列化された割合 p と並列化されていない割合 $1-p$ について，並列度が N のとき，その処理時間はもとの時間に対して $p/N+(1-p)$ となる．プロセッサの発達で N は大きくなっていくことが期待できるが，N が十分大きくなったとしても，計算時間のうち $1-p$ は残ったままになる．計算を効率よく行うには，並列化された割合 p を増やし，並列化されていない割合 $1-p$ を可能な限り小さくすることが必要である．

5.3 マルチコア環境における並列計算の基礎

従来，比較的低コストで並列計算を行う場合，PC クラスタ (PC Cluster) がしばしば利用された．PC クラスタは，計算ノードとして PC を複数台相互にネットワークで接続したシステムである．各計算ノードは独立したメモリをもっているため，「分散メモリ型」(distributed memory) の計算機環境とよばれる．このタイプの計算機では，MPI (Message Passing Interface)[8, 9] を用いてプログラムを行うことが一般的である．他方，PC クラスタはスーパーコンピュータよりは手軽であるものの，多数のノードを必要とするため，やはり設置場所や初期費用，運転費用などが多くかかり，導入が困難であった．また，計算ノー

ド間でデータを同期するために，ネットワークを用いて通信を行う必要があり，この同期が PC クラスタでの性能のボトルネックとなりやすかった．

一方，スーパーコンピュータにおいては以前から複数個の CPU を搭載した並列計算環境が存在していた．また，2005 年頃から一般向け PC 向けにもマルチコアプロセッサが登場しており，近年ではワークステーション級の計算機でマルチコア CPU を複数個搭載する物も登場している．このように，現在では，1 台のシステムで複数の計算コアを利用できるようになり，個人レベルでも本格的な並列計算環境が手軽に利用可能になってきた．このような複数 CPU コアを搭載した並列計算環境は，複数のプロセッサが同じメモリ領域を共有する「共有メモリ型」(shared memory) の計算機環境であり，通信が必要ではないため，MPI ではなく OpenMP (Open Multi-Processing)[10]を用いたプログラミングが広く行われている．

本書では，近年急速に発達しているマルチコアプロセッサを活用することを目的として，OpenMP を用いた並列化について述べる．並列化については，C 言語によるコードを用いて説明を行う．

5.3.1 標準規格としての OpenMP

共有メモリ型並列計算機上で並列処理を行うプログラムは，Windows，Mac OS や UNIX (Linux) などの OS (Operating System) に用意された API (Application Program Interface) を用いて作成することができる．API を用いる場合，ほとんどの場合，スレッド (thread) とよばれる処理の単位を生成し，各コアにスレッドを処理させることで並列処理を行う．しかし，API は OS の設計思想に強く影響されるため，OS 間で API 体系が大きく異なる場合が多い．このため，API を直接使う場合，異なる OS どうしでソースコードを共有することが難しくなる．

API を直接使う場合，スレッドを自前で管理できるため，スレッドを一時停止・再開する，実行中のスレッドから新たにスレッドを生成する，といった並列処理の高度な制御が可能になる．一方で，プログラムの一部分だけ並列処理を行うような簡易的な使い方をしたい場合でも，使用前の初期化・使用後の終

80   5. 並列計算

了処理といった制御を要求される．

　先に述べた OpenMP は標準規格が制定されており，OpenMP に対応したコンパイラがあれば，OS ごとに異なる API を使用せずに，どの OS でも同じソースコードを用いることができる．また，OpenMP のライブラリがスレッドの管理を行うため，並列処理を容易に書くことができる．OpenMP では，並列処理の高度な制御はできないが，一般的な計算で不自由することはあまりない．

　以上の点から，本書では，OpenMP を用いて解説を行う．解説は，主に OpenMP の仕様書 Version 3.0[11] にもとづいて行う．また，説明においても，特定の OS に依存するような記述はなるべく避ける．

　OpenMP による並列化のために追加する#から始まる行は，C 言語においてはディレクティブとよばれ，コンパイル時にコンパイラや関連プログラムに指示を与えるための行である．C 言語でプログラムを書くときに，はじめに書く #include もディレクティブの 1 つである．#include のようなディレクティブは，「別のファイルをこのファイル中に取り込むことを指示する」といったように，C 言語の規格で解釈の仕方が定められている．一方，#pragma もディレクティブの 1 つであるが，これをどう解釈するかはコンパイラが自由に決めて良い．このため，#pragma ディレクティブは，コンパイラに C 言語の規格では定められていないような，特殊な操作を指示するときに用いられる．OpenMP では，この#pragma ディレクティブを利用して，並列化の指示をコンパイラに与える．なお，OpenMP をサポートしていないコンパイラの場合，#pragma omp ... は無視されるか，無効な命令として扱われるかのどちらかであり，逐次実行のプログラムとしてコンパイルされる．このため，同じソースコードを様々な環境でコンパイルして使うことができる．

5.3.2　OpenMP を用いた並列化

　まずはじめに，OpenMP を用いて，基本的な並列計算を行うための方法について説明する．一般に，科学計算においては，実行時間の大部分をループが占める．粉体シミュレーションにおいてもこれは同じで，たとえば速度 v_n をもとに粒子の位置 x_n を更新するためのループが処理時間を要する．このループは，

たとえばコード 5.1 のように記述できる．

コード **5.1**　簡単なループ

```
1   #define NUM_PTCL 20  /* 粒子の数 */
2
3   int i;
4   double velocity_x[NUM_PTCL];    /* 速度：値は初期化済みとする */
5   double position_x[NUM_PTCL];    /* 位置：値は初期化済みとする */
6   double deltaT;
7   deltaT=0.01;
8
9   for(i=0;i<NUM_PTCL;i++){        /* 領域を走査 */
10      /* 配列の更新 */
11      position_x[i]=position_x[i]+velocity_x[i]*deltaT;
12  }
```

コード 5.1 のループを OpenMP により並列化することを考えよう．たとえば，次のように記述することができる．

コード **5.2**　OpenMP によるループの並列化

```
1   #define NUM_PTCL 20  /* 粒子の数 */
2
3   int i;
4   double velocity_x[NUM_PTCL];    /* 速度：値は初期化済みとする */
5   double position_x[NUM_PTCL];    /* 位置：値は初期化済みとする */
6   double deltaT=0.01;
7
8   #pragma omp parallel     /* 追加1:並列実行領域 */
9   {
10      #pragma omp for       /* 追加2:次のループを並列化 */
11      for(i=0;i<NUM_PTCL;i++){     /* 領域を走査 */
12          /* 配列の更新 */
13          position_x[i]=position_x[i]+velocity_x[i]*deltaT;
14      }
15  }
```

コード 5.2 に示すように，`#pragma omp` で始まる 2 行を追加するだけでよい．あるいは，次のように 1 行だけを追加する簡略記法を用いてもよい．

コード **5.3**　OpenMP によるループの並列化 (簡略記法)

```
1   #define NUM_PTCL 20
2
3   int i;
```

```
4    double velocity_x[NUM_PTCL];       /* 速度：値は初期化済みとする */
5    double position_x[NUM_PTCL];       /* 位置：値は初期化済みとする */
6    double deltaT=0.01;
7
8    #pragma omp parallel for           /* 追加:次のループを並列化 */
9    for(i=0;i<NUM_PTCL;i++){           /* 領域を走査 */
10       /* 配列の更新 */
11       position_x[i]=position_x[i]+velocity_x[i]*deltaT;
12   }
```

このようなプログラムを OpenMP に対応したコンパイラでコンパイルするだけで，並列計算ができる．

今回のコードを 4 コアの CPU で実行する場合，まず逐次実行のコード 5.1 では，どれか 1 つのコアが配列 data の要素 0〜19 のすべてを処理する．一方，並列化を行ったコード 5.2 やコード 5.3 では，4 つのコアがそれぞれ「要素 0〜4」，「要素 5〜9」，「要素 10〜14」，「要素 15〜19」のように分担して処理を行う．なお，このとき各コアで走る処理単位がスレッドであり，このケースでは「4 つのスレッドが実行された」ことになる．

5.3.3 変数の共有

OpenMP における並列計算では，いくつかのスレッドが同時に実行される．このとき，コード 5.2 やコード 5.3 においては，すべてのスレッドが同じ配列 velocity や position を参照している．以下のコード 5.4 でもう少し詳しく見てみる．このコードでは，配列 data 中に値を代入している．

コード **5.4** OpenMP における変数の共有

```
1    #define NUM_DATAL 20
2
3    int i;                  /* 共有されない:ループのインデックス */
4    int data[NUM_DATA];     /* 共有される:parallel外の変数 */
5    int value;              /* 共有される:parallel外の変数 */
6    value=1;                /* 変数を初期化 */
7
8    #pragma omp parallel for
9    for(i=0;i<NUM_DATA;i++){
10       double tmp; /* parallel内の変数:共有されない */
11       tmp = i * value;
12       data[i]=tmp;
13   }
```

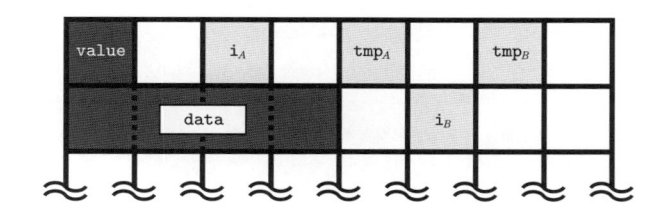

図 5.2 メモリ上の変数の位置

コード5.4では，#pragma omp parallel を指定されたループの外側で宣言された変数 data と value はすべてのスレッドから同じメモリ領域が参照される．このように OpenMP においては，並列化するループより外側で宣言された変数は，基本的にすべて同じメモリ領域を参照する．ただし例外もある．コード5.4中で，変数 i は共有されず，図5.2のように，同じ i という名前ではあるが，スレッドごとに異なるメモリ領域におかれた変数が使われる．これは，i はループのインデックスであるため，各スレッドで独立したものが必要になることが明らかなためである．また，ループ中の変数 tmp は並列化するループの内側で宣言されているため，各スレッドで異なるメモリ領域におかれた変数が使用される．

5.3.4 データ競合

次に，共有された変数への書込みについて見てみる．コード5.4では，共有された配列 data の要素ごとに書込みをしている．メモリ領域で見れば，各スレッドは異なるメモリ領域に書込みをしていることになる．

では，同一のメモリ領域に書込みをする場合はどうなるだろうか．以下のコード5.5では，共有された変数 value に同時に書込みを行っている．

コード 5.5　OpenMP におけるデータ競合の例1

```
1  int i;                    /* 共有されない:ループのインデックス */
2  int data[NUM_DATA];       /* 共有される:parallel外の変数 */
3  int value;                /* 共有される:parallel外の変数 */
4
5  #pragma omp parallel for
6  for(i = 0; i < NUM_DATA; i++){
```

```
7        value = i;      /* 書込み:データ競合発生 */
8        data[i] = i * value;
9    }
```

逐次実行の場合，配列 data の要素は，表 5.1 の serial の行のようになっていることが期待される．しかし，並列時においては，期待と異なり，parallel の行のように正しくない結果が得られる．なお，この結果は実行のたびにランダムに変わるため，偶然正しい結果が得られる場合もある．

表 5.1　逐次実行時と並列時の計算結果

index	0	1	2	3	4	5	6	7
serial	0	1	4	9	16	25	36	49
parallel	0	1	6	9	8	6	5	35

これは，コード 5.5 の value = i; の行でデータ競合 (data race) が起きているためである．データ競合とは，同一のメモリ領域に複数のスレッドが同時に書込みを行ったため，データが破壊されるという，共有メモリ型計算機での並列計算時に特有の問題である．コード 5.5 では，あるスレッド A が value = i; を実行した後，data[i] = i * value; を実行するまでの間に，別のスレッド B が value = i; を実行し，変数 value の中身が変化してしまったため，正しくない値が得られた．

データ競合問題は，プログラムを並列化する上で常に考慮する必要がある深刻な問題である．データ競合を防ぐためには，まずその仕組を理解する必要がある．先の例よりシンプルなコード 5.6 を題材に，データ競合の仕組を説明する．

コード 5.6　OpenMP におけるデータ競合の例 2

```
1    int x, i;
2    x = 0;
3
4    #pragma omp parallel for
5    for(i = 0; i < 10; i++){
6        x = x + i;
7    }
8    printf("x=%d\n",x);  /* x=45 が期待されるが，結果は異なる */
```

```
スレッドA   ┌─────── ?:=1  ?:=1+1=2 ───────┐
         │                                │
    x    │  1  │  1  │  1  │  2  │  2     │
         │                                │
スレッドB   └─────── ?:=1  ?:=1+1=2 ───────┘
```

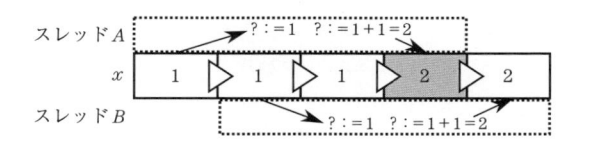

図 **5.3**　データ競合の起こるアクセスパターン

　この例では，0〜9の合計を求めているため，結果は x = 45 となることが期待される．しかし，実際には正しくない結果が得られる．

　この仕組を図 5.3 に示す．二つのスレッド A と B がそれぞれ変数 x を読込み，足し算を行っている．足し算の処理は，「読込み」→「演算」→「書き戻し」となるが，両スレッドが読出しをほぼ同時に行ったとき，書き戻される値はどちらか片方のみとなってしまい，正しくない値が得られる．

　このように，並列計算プログラムをつくる上で，データ競合は致命的な問題となる．並列プログラムを作成する場合，変数のアクセスパターンを確認し，同時に書込みが行われる可能性がないか，また読み取り中に書込みを行う可能性がないか，特に書込みに着目して点検する必要がある．データ競合は，タイミング次第で起こる場合と起こらない場合がある．デバッグ中は偶然にも正常に計算が進行することも多々あるため，原因箇所の特定は通常のデバッグ作業より難しい．プログラム解析ツールがこれらの問題を検出してくれる場合もあるようだが，やはりプログラムを書くときに意識して並列化の問題を避けるようにすべきである．データ競合の見落としを防ぎ，修正を容易にするためには，プログラム構造を単純に保つことが重要である．プログラム構造を単純にするとは，無関係の処理はプログラム内で分離して記述する，複雑な処理をより理解しやすく単純な処理の組合せに分解する，といったことにあたる．つながる．計算順序やデータ構造を見直し，アクセスパターンを単純化することで，データ競合が回避できることも多い．

　しかし，プログラムの見直しだけではデータ競合が回避できない場合もある．計算負荷の観点からどうしても並列化が必要な場合に対して，データ競合を防ぐ手法があるので，いくつか紹介しよう．

a. 変数のプライベート化 コード 5.5 においては，変数 value を共有していることが問題であった．もちろん，変数をループ内で確保することで問題は解決できるのだが，ここでは別のアプローチとして，変数をプライベート化する方法を説明する．

コード 5.7 変数のプライベート化

```
1   int x;              /* 共有されない:ループのインデックス */
2   int data[NUM_DATA]; /* 共有される:parallel外の変数 */
3   int value;          /* 共有される:parallel外の変数 */
4   value = 1;          /* 変数を初期化:ループ内では使われない */
5
6   #pragma omp parallel for private(value)
7   for(x = 0; x < NUM_DATA; x++){
8       value = x;  /* プライベートな変数:外側の変数は変更されない */
9       data[x] = x * value;
10  }
11  printf("value=%d\n", value);    /* "value=1"が表示される */
```

コード 5.7 では，通常の #pragma omp parallel for の後に private(value) が追加されている．これは，変数 value を各スレッドごとに異なるメモリ領域に確保させる，というものである．このため，並列計算時に各スレッドが value を使っても，お互い影響なしに処理を行うことができる．逆に，変数を明示的に共有させたい場合は，shared を使う．なお，ここでプライベート化された変数は，ループ内では初期化されていないため使用前に初期化する必要がある．また，コード実行後，最後に表示される value の値は，ループ内での処理では変更されない．もしループに入る前の値をコピーした上で変数をプライベート化する場合は，private(value) ではなく firstprivate(value) を使う．また，lastprivate(value) を追加すると，コード実行後，外側の変数 value は逐次実行時と同じ値，つまり一番最後のループで書き込まれた値に更新される．これらの挙動は，コード 5.8 で確認できる．

コード 5.8 各種プライベート化

```
1   int i;
2   double x_private;   /* プライベート */
3   double x_first;     /* 最初の値を使う */
4   double x_last;      /* 最後の値に更新される */
5   double save[10];    /* 結果の保存先 */
```

```
 6
 7   x_private = 1.0;
 8   x_first   = 2.0;
 9   x_last    = 3.0;
10
11   #pragma omp parallel for private(x_private) firstprivate(x_first)
12       lastprivate(x_last)
13   for(i = 0; i < 10; i++){
14       save[i] = x_first;
15   }
16   #pragma omp parallel for private(x_private) firstprivate(x_first)
17       lastprivate(x_last)
18   for(i = 0; i < 10; i++){
19       /* プライベートな変数に書込み */
20       x_private = i;
21       x_first   = i;
22       x_last    = i;
23   }
24
25   /* 表示 */
26   printf("x_private = %f\n", x_private);  /* x_private = 1.0 */
27   printf("x_first   = %f\n", x_first);    /* x_first   = 2.0 */
28   printf("x_last    = %f\n", x_last);     /* x_last    = 9.0 */
29
30   /* firstprivate指定された変数の中身 */
31   for(i=0;i<10;i++){
32       printf("Thread #%d : %f\n", i, save[i]);  /* どのスレッドで↵
             も2.0 */
33   }
```

b. アトミック演算　並列処理においては，変数のプライベート化では対処できないような場合もある．粉体シミュレーションにおいては，判定格子に粒子を追加するための処理において，判定格子内の粒子数を更新する処理がそれにあたる．OpenMP では，アトミック演算 (atomic operation) もしくは不可分演算とよばれる演算が用意されている．これは，図 5.4 に示すように，一回の演算中，他のスレッドからのアクセスを排除して，安全に正しい結果が得ら

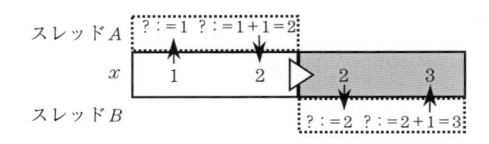

図 **5.4**　アトミック演算のアクセスパターン

れることが保証されている演算である.先のコード5.6をアトミック演算を使って書き直すと,コード5.9のようになる.

コード 5.9 アトミック演算の例

```
1   int x,i;
2   x = 0;
3
4   #pragma omp parallel for
5   for(i = 0 ; i < 10; i++){
6       #pragma omp atomic    /* 追加 */
7       x += i; /* x = x + i;と同義 */
8   }
9   printf("x = %d\n",x);    /* x = 45が得られる */
```

ここで,新たに追加された`#pragma omp atomic`は,この次に書かれた1行をアトミックに,つまり他のスレッドから干渉されることなく実行することが保証されている.ただし,アトミックに実行できる演算の種類は限られており,対象となる変数は`int/float/double`などのスカラ値のみであり,演算内容も`x++`,`x--`,`++x`,`--x`といった単項演算子と,`x += something`,`x -= something`等の基本的な二項演算子のみに限定される.

c. 環境依存のアトミック演算　　OpenMPで用意されているアトミック演算は加減算程度と,基本的な演算のみであるが,WindowsやUNIXなどのOSでもアトミック演算が用意されている.OSで用意されたアトミック演算では,加減

表 5.2 環境依存のアトミック演算 (抜粋)

処　理	Windows 系 (Visual Studio)	UNIX 系 (GCC)
増　加 (i++)	InterlockedIncrement(API) _InterlockedIncrement(Intrinsic)	N/A (i += 1)
減　少 (i--)	InterlockedDecrement(API) _InterlockedDecrement(Intrinsic)	N/A (i -= 1)
加　算 (i += j)	InterlockedExchangeAdd(API) _InterlockedExchangeAdd(Intrinsic)	__sync_fetch_and_add
減　算 (i -= j)	N/A (i += (-j))	__sync_fetch_and_sub
代　入 (i := j)	InterlockedExchange(API) _InterlockedExchange(Intrinsic)	__sync_lock_test_and_set
条件付代入 (if i == k then i := j)	InterlockedCompareExchange(API) _InterlockedCompareExchange(Intrinsic)	__sync_val_compare_and_swap

算の他に，単純な変数の代入や比較付での変数の代入，ビット単位の比較などに対応している．一般に広く普及している x86 系のプロセッサでは，表 5.2 に示すような演算が使用できる．環境依存のアトミック演算一覧には，API と Intrinsic の 2 種類がある．API は通常の関数と同様のものである．一方，Intrinsic は組込み関数とよばれ，コンパイラが直接機械語を生成するため，API よりも若干高速になる．Windows 版では API と Intrinsic の両方を，UNIX 系では Intrinsic のみをあげた．これらの詳しい説明は，コンパイラのマニュアルを参照されたい．なお，これらの環境依存のアトミック演算は，OpenMP のアトミック演算とは異なり，基本的には整数演算のみを対象としている．浮動小数点数に対してアトミック演算を行いたい場合は，OpenMP のアトミック演算を用いるか，もしくはコード 5.10 に示すような，条件付代入を利用した関数をつくって演算を行う．

コード 5.10　浮動小数点数に対するアトミック演算 (Windows 版)

```
1   /* このコードでは，条件付代入の段階で，      */
2   /* double/floatを単なるビット列と見なして比較を行う */
3
4   typedef __int64 INT64;   /* doubleと同じ64bit幅をもつ整数 */
5   typedef __int32 INT32;   /* floatと同じ32bit幅をもつ整数 */
6
7   /* 倍精度浮動小数点数に対するアトミック演算 */
8   /* targetにdを足し，加算前のtargetの値を返す */
9   double atomicAdd_double(volatile double *target, double d)
10  {
11      double prev,tmp;
12      INT64 result;
13
14      prev = *target;    /* 現在の値を読み取り */
15      tmp = prev + d;    /* 仮の加算結果 */
16
17      /* 条件付代入: */
18      /*  仮の加算結果を算出した時点のtargetの値が */
19      /*  現在のtargetの値と同じなら書き戻す */
20      /*  異なっている場合は，新しい値を算出後，再度トライする */
21      while((result = _InterlockedCompareExchange64( (INT64*)target,
              *((INT64*)&tmp), *((INT64*)&prev)) )!= (*(INT64*)&prev)){
22          /* 現在の値を更新(条件付代入の戻り値) */
23          prev = *((double*)&result);
24          /* 仮の加算結果 */
25          tmp = prev + d;
26      }
27      /* 加算前の値を返す */
```

```
28        return prev;
29  }
30
31  /* 単精度浮動小数点数に対するアトミック演算 */
32  float atomicAdd_float(volatile float *target, float d)
33  {
34      float prev,tmp;
35      INT32 result;
36
37      prev = *target;
38      tmp = prev + d;
39      while((result = _InterlockedCompareExchange( (INT32*)target,  ↵
            *((INT32*)&tmp), *((INT32*)&prev)) ) != (*(INT32*)&prev)){
40          prev = *((float*)&result);
41          tmp = prev + d;
42      }
43      return prev;
44  }
```

d. 排他処理　　アトミック演算が対象としていないような複雑な処理を安全に実行したい場合には，排他処理 (exclusive control) を用いる．排他処理では，たとえるなら，交通における信号のように，あるスレッドの処理を行う際，他のスレッドの処理をすべて停止することでデータ競合が起こらないようにする (図 5.5)．排他処理が有効な場合，1 つの処理が終わるまで次の処理を開始することができないため待ち時間が発生する．また，「信号」の管理に対して，アトミック演算よりも長い処理時間が必要になる．以下のコード 5.11 で，排他処理の例をあげる．

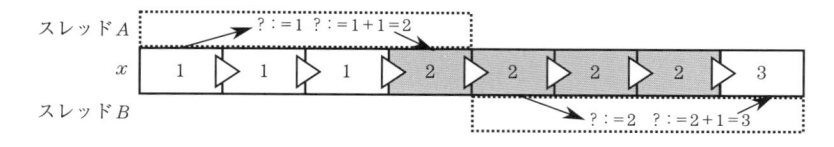

図 5.5　排他処理により制御されたアクセスパターン

コード 5.11　排他処理の例

```
1  int x, i;
2  x = 0;
3
4  #pragma omp parallel for
5  for(i = 0; i < 10; i++){
```

```
 6        #pragma omp critical(add_x)   /* 追加:括弧内は識別名 */
 7        {
 8            /* 対象領域 */
 9            x = x + i;
10
11            /* printf()は#pragma omp atomicでは処理できない */
12            printf("(in loop)x=%d\n",x);
13        }
14    }
15    printf("x=%d\n",x);  /* x=45が得られる */
```

ここでは，#pragma omp critical(add_x) が追加されており，7 行目〜13 行目が排他処理の対象領域となる．今回の排他領域には printf() が含まれているため，排他処理は基本的な演算だけでなく，関数呼び出しや，複数の演算にも用いることができる．ただし，汎用性が高い一方で，同じ処理を行う場合，排他処理は所要時間がアトミック演算よりも長くなる．

なお，先の OpenMP によるアトミック演算は，コンパイルの段階で，OpenMP の critical と同等の排他処理に変換される場合と，環境依存のアトミック演算に変換される場合がある．環境依存のアトミック演算は排他処理よりもコストが低いため，OpenMP では排他処理よりアトミック演算の方が処理時間が短くなる可能性がある．実際に，筆者らの環境 (Windows 7 x64, Intel Parallel Studio XE 2011) において int/float/double に対して加算をテストしたところ，atomic は critical よりも 7〜20 倍程度高速であった．したがって，単純な処理であれば，排他処理ではなくアトミック演算を採用する方が良い．

さて，OpenMP における排他処理においては，識別名を指定することができる．同じ識別名をもつ領域であれば，「信号」を共有しているのと同じ状態になり，コード 5.12 のように，コード内の異なる部分にある領域であっても互いに排他処理が行われる．一方，識別名を省略すると，プログラム全体で共通の無名領域として扱われ，やはりコード内の異なる部分にあっても排他処理される．本来排他的に実行する必要がない部分まで排他処理をしてしまうと，必要以上に待ち時間が発生し計算速度の低下を起こすため，排他領域はなるべく小さく抑えられるように独立な識別名を付けることが望ましい．

コード 5.12 複数領域の排他処理の例

```
int x, i;
x=0;

/* 対象領域AとBは同一視され，互いに排他的に実行される */
#pragma omp parallel for
for(i = 0; i < 10 ; i++){
    if(i % 2 == 0){
        #pragma omp critical(add_x)
        {   /* 対象領域A */
            x = x + i * 2;
        }
    }else{
        #pragma omp critical(add_x)
        {   /* 対象領域B */
            x = x + i;
        }
    }
}
```

e. リダクション演算　　たとえば，粒子の速度の平均を求めたいという場合など，配列中の値の平均を求めたいという場合，まず配列中の値の合計をとることになる．この処理は，これまでに説明したアトミック演算を用いれば，コード5.13のように，並列計算時にも適切に合計を求めることができる．

コード 5.13 アトミック演算による合計値の計算

```
#define NUM_DATA 10

int i;
double data[NUM_DATA];   /* 値は初期化済みとする */
double sum;
sum = 0.0;

#pragma omp parallel for
for(i = 0; i < NUM_DATA; i++){
    #pragma omp atomic
    sum += data[i];
}
```

一方，OpenMPにはリダクション演算(reduction)とよばれる機能が用意されている．このリダクション演算は，MPIのreduce演算に類似した機能をもち，指定された変数をプライベート化し，すべての値を加算/乗算/減算/and/or/xorするといった処理の後に，オリジナル変数にマージする処理が可能である．具

体的には，コード 5.14 のように，reduction に続けて，(演算子:変数) のように記述する．

コード **5.14**　リダクション演算による合計値の計算

```
#define NUM_DATA 10

int i;
double data[NUM_DATA];  /* 値は初期化済みとする */
double sum;             /* 格納先変数 */
sum = 0.0;

#pragma omp parallel for reduction(+:sum)
for(i = 0; i < NUM_DATA; i++){
    sum += data[i];
}
```

注意点として，OpenMP Version 3.0 の時点では FORTRAN 版の OpenMP ではすべての機能を使うことができるが，C 言語版や C++ 版では一部機能に制限がある．まず，C/C++ 版の OpenMP では，格納先の変数に配列を指定することができない．たとえば，2 次元配列で表現した行列の各列の成分の合計を別の 1 次元配列に格納するような操作ができない．また，C/C++ 版の OpenMP では，配列中の値の最大値/最小値を求めることができない．FORTRAN では最大/最小を比較する MAX()/MIN() 関数が言語に組込みで用意されているが，C/C++ では用意されていないためである．最大値や最小値を求める演算は，標準機能として用意されていないだけで，自分で実装することは可能である．C/C++ で配列中の値の最大/最小を求めたい場合には，次のように，排他処理と変数のプライベート化を併用して書くとよい．

コード **5.15**　C/C++ における最大値/最小値算出

```
#define NUM_DATA 10

int i;
double data[NUM_DATA];          /* 値は初期化済みとする */
double value_max, value_min;    /* 格納先変数 */

value_max = data[0];
value_min = data[0];

/* 並列で処理 */
```

```
#pragma omp parallel
{
    int i;                               /* プライベートな変数:インデッ↵
        クス */
    double private_max = data[0];        /* プライベートな変数:最大値 */
    double private_min = data[0];        /* プライベートな変数:最小値 */

    #pragma omp for
    for(i = 0; i < NUM_DATA; i++){
        /* 配列のうち，各スレッドの担当範囲内での最大と最小を求める↵
           */
        /* プライベートな変数に対して，最大と最小を代入している */
        if(data[i] > private_max){
            private_max = data[i];
        }
        if(data[i] < private_min){
            private_min = data[i];
        }
    }

    /* 排他処理を用いて，全体の最大と最小を更新している */
    /* 最大値 */
    #pragma omp critical(private_max)
    {
        if(private_max > value_max)value_max = private_max;
    }
    /* 最小値 */
    #pragma omp critical(private_min)
    {
        if(private_min < value_min)value_min = private_min;
    }
}

printf("最大値=%f\n",value_max);
printf("最小値=%f\n",value_min);
```

f. データ依存 ここまで，データ競合問題とその対策について解説してきたが，データ競合とは別に本質的に並列化できないコードが存在する．これまでにあげた OpenMP 並列計算の例は，データ競合の可能性を無視すれば，結果が処理の順番に依存しない，つまり処理順がランダムに入れ替わった場合でも同じ結果を得ることができるものであった．一方，次のフィボナッチ数を求めるコード 5.16 は，結果が処理順に依存する．もしインデックス i がランダムに変化すれば，まだ値が入っていない data[i-1] や data[i-2] を参照する場合が出てくるため，計算が破綻する．このような問題をデータ依存 (data dependency) とよぶ．粉体シミュレーションにおいては，このような処理は出現することは

まれだが，流体計算など，行列計算が伴う場合，データ依存が起こる場合がある．データ依存のあるコードは，次式

$$Fib_n = \frac{1}{\sqrt{5}}\left[\left(\frac{1+\sqrt{5}}{2}\right)^n - \left(\frac{1-\sqrt{5}}{2}\right)^n\right]$$

のようにフィボナッチ数列の一般項をつくるなど，アルゴリズムを根本的に見直さない限り，並列化することはできない．

コード 5.16　フィボナッチ数

```
1   #define MAX_RANGE   20
2   int data[MAX_RANGE];
3   int i;
4
5   data[0] = 1;
6   data[1] = 1;
7   for( i = 2; i < MAX_RANGE; i++){
8       data[i] = data[i - 1] + data[i - 2];
9   }
```

5.3.5　多重ループの展開

たとえば，コード 5.17 のように，x, y および z の各軸について 3 重に入れ子 (Nested) になった for 文を並列化する場合，まずは単にどれか 1 つのループに `#pragma omp parallel for` を指定することになる．しかし，多数のプロセッサをもつ環境では，並列度に対してループ範囲が小さくなることがある．

すべてのプロセッサに仕事を分担させることを考えると，コード 5.18 のように，入れ子になった並列処理を書くことになる．ただ，入れ子並列処理は，外側のループは並列実行されるが，内側のループは環境によって，必ずしも並列実行されるとは限らない．

そこで，コード 5.19 のように手動でループを展開することで，確実に処理を並列実行させることができる．しかし，手作業でのループ展開は作業が多く，手作業のミスによるバグが起きやすい．OpenMP では，コード 5.20 のように，`collapse(N)`(N は展開の深さ) を指定すると，自動で入れ子になっているループを展開することができる．ただし，この場合ループは完全に入れ子になっている必要があり，入れ子の途中で変数宣言や処理などを入れてはならない．

96   5. 並列計算

コード **5.17**　多重ループの例

```
1  int x, y, z;
2
3  for(z = 0; z < Z_RANGE; z++){
4      for(y = 0; y < Y_RANGE; y++){
5          for(x = 0; x < X_RANGE; x++){
6              ...(略)...
7          }
8      }
9  }
```

コード **5.18**　入れ子になった多重ループの例

```
1  #include <omp.h>
2  int x, y, z;
3  omp_set_nested(1);      /* 入れ子になった並列処理を有効にする */
4
5  #pragma omp parallel for private(x, y)
6  for(z = 0; z < Z_RANGE; z++){
7      #pragma omp parallel for private(x)
8      for(y = 0; y < Y_RANGE; y++){
9          #pragma omp parallel for
10         for(x = 0; x < X_RANGE; x++){
11             ...(略)...
12         }
13     }
14 }
```

コード **5.19**　手動での多重ループ展開

```
1  int loop;
2
3  #pragma omp parallel for
4  for(loop = 0; loop < Z_RANGE * Y_RANGE * X_RANGE; loop++){
5      int x, y, z;
6      x = loop % X_RANGE;
7      y = (loop / X_RANGE) % Y_RANGE;
8      z = loop / (X_RANGE * Y_RANGE);
9      ...(略)...
10 }
```

コード **5.20**　多重ループの自動展開

```
1  int x, y, z;
2
3  /* 3階層までのループ展開 */
```

```
4   #pragma omp parallel for private(x, y, z) collapse(3)
5   for(z = 0; z < Z_RANGE; z++){
6       /* int t; これは不可 */
7       /* 完全な入れ子とするためには，ここで変数を宣言してはいけない
            */
8       for(y = 0; y < Y_RANGE; y++){
9           for(x = 0; x < X_RANGE; x++){
10              ...(略)...
11          }
12      }
13  }
```

5.3.6 スケジューリング

OpenMP においては，データを複数のスレッドが分担して処理することで並列処理が行われる．このデータ分割とその割当はスケジューリング (scheduling) とよばれ，その方法には，static, dynamic, guided, auto および runtime の 5 種類がある．スケジューリングを指定する場合，コード 5.21 のように指定する．コード中の *kind* はスケジューリング方法の指定であり，*chunksize* は分割サイズである．分割されたデータのひとかたまりをチャンク (chunk) とよぶ．

コード 5.21　スケジューリングの指定

```
1   #pragma omp parallel for schedule(kind,chunksize)
2   for(i = 0; i < NUM_PTCL; i++){
3       ...(略)...
4   }
```

a. static 各スレッドにあらかじめにデータを割り当てる．データへのアクセスパターンが単純なため，単調なループに向いている．特に指定がない場合，この割当て方法が使われる．明示的に指定する場合にはコード 5.22 のようにする．

コード 5.22　static スケジューリング

```
1   #pragma omp parallel for schedule(static)
2   for(i = 0; i < NUM_PTCL; i++){
3       ...(略)...
4   }
```

この方法では，N 個のデータに対して M 個のスレッドがある場合，標準では各スレッドに $chunksize = N/M$ 個のデータを均等に割り当てる．$chunksize$ が指定されている場合は，データを要素数 $chunksize$ ごとに分割し，各スレッドに順番に割り当てる．スレッド数よりチャンク数の方が多い場合は，再度最初のスレッドから順番に割り当てる．たとえば，$N = 32$ 個のデータに対して要素数 $chunksize = 8$ 個，スレッド数 $M = 3$ のとき，データ処理は以下のようになる．

1   スレッド #0 がデータ 0～7 を処理．
1′   スレッド #1 がデータ 8～15 を処理．
1″   スレッド #2 がデータ 16～23 を処理．
2   スレッド #0 が前回の処理完了後，データ 24～31 を処理．
2′   スレッド #1 および #2 はスレッド #0 の完了を待つ．

b. dynamic　　各スレッドに対して，動的にデータを割り当てる．データは $chunksize$ (デフォルトは 1) ごとにチャンクに分割され，処理待ち状態となる．各スレッドは，1 つの処理が終わると，処理待ち状態になっているチャンクを見つけて処理していく．標準の static と違い，各スレッドが処理するチャンク番号は実行のたびに変化する．なお，デフォルトでは $chunksize = 1$ となっているため，チャンク数が多くなり，またスレッドが処理するメモリ領域は分散しやすくなる．ある程度メモリアクセスが連続である方がキャッシュメモリ (cache memory) の効果により計算が速くなるため，コード 5.23 では例として $chunksize = 16$ を指定している．

コード **5.23**　　dynamic スケジューリング

```
#pragma omp parallel for schedule(dynamic,16)
for(i = 0; i < NUM_PTCL; i++){
    ...(略)...
}
```

この方式は，データごとに負荷が異なるような処理に向いている．このような処理では，static スケジューリングでは特定のスレッドだけに負荷が集中した場合，一番時間のかかるスレッドが完了するまで他のスレッドが待機するた

め，並列効率が悪化することがある．一方，dynamic スケジューリングでは，負荷の高いスレッドの処理完了を待たずに別のスレッドが次の実行待ちチャンクを処理できるため，負荷が分散されやすく，並列効率の向上につながる．

c. guided 各スレッドに対して dynamic スケジューリングと同様にチャンクを割り当てていくが，チャンクサイズをだんだんと小さくしていく手法である．ここでは $chunksize$ はチャンクサイズの最小値の指定であり，デフォルトでは $chunksize = 1$ である．

d. auto スケジューリング方式をコンパイラや実行時に任せる設定である．

e. runtime スケジューリング方式を実行時に指定する設定である．指定は，OS の環境変数を利用する．

5.4 粉体シミュレーションの並列化

本節では，これまでに述べてきた並列計算手法を用いて，粉体シミュレーションのすべての部分を並列化するための手順を具体的に説明する．DEM では，以下の手順で計算が行われる．

(1) 判定格子への粒子登録
(2) 粒子間相互作用の計算
(3) 粒子の速度と位置の更新

5.4.1 判定格子への粒子登録

a. 判定格子からの粒子除去 まず，判定格子への粒子登録について述べる．この処理ではまず最初に，判定格子から粒子を除去する必要がある．

ここではまず，メモリ削減の可能なリンクリスト構造ではなく，各格子に 8 個ずつ粒子を格納できるような配列をもたせた，単純な判定格子を使うことを考えよう．2 次元体系でのプログラムはコード 5.24 のようになる．コード中，2 次元配列 `cell_numPtcl` には，各判定格子内に登録されている粒子数が格納されている．また，3 次元配列 `cell_idxPtcl` には，各判定格子内に登録されている粒子番号が記録されている．この判定格子から粒子を除去するためには，

配列 cell_numPtcl の各要素に 0 を代入する．

コード 5.24 　衝突判定格子のクリア

```
1   #define CX 100                      /* 判定格子の数:X方向 */
2   #define CY 100                      /* 判定格子の数:Y方向 */
3   #define MAX_CELL_PARTICLES 8        /* 判定格子内の最大粒子数 */
4
5   /* 判定格子内の現在の粒子数 */
6   int cell_numPtcl[CY][CX];
7   /* 判定格子に登録された粒子番号の一覧 */
8   int cell_idxPtcl[CY][CX][MAX_CELL_PARTICLES];
9
10  int x, y;
11  for(y = 0; y < CY; y++){
12      for(x = 0; x < CX ; x++){
13          cell_numPtcl[y][x] = 0;
14      }
15  }
```

さて，この処理を並列化することを考えよう．このメモリのクリアにおいては，スレッド間で書込み領域の重複がないためデータ競合が起こらず，単純な並列化が可能である．OpenMP を適用する際，2 重ループが使われているため，コード 5.25 のように，`collapse` を指定する．

コード 5.25 　衝突判定格子のクリア (並列)

```
1   int x,y;
2   #pragma omp parallel for collapse(2) private(x)
3   for(y = 0; y < CY; y++){
4       for(x = 0; x < CX; x++){
5           cell_numPtcl[y][x] = 0;
6       }
7   }
```

b. 粒子の登録　　次に，判定格子への粒子登録を行う．逐次実行の場合，この登録処理はコード 5.26 のように行う．

コード 5.26 　衝突判定格子への粒子登録

```
1   struct VECTOR2{         /* 2次元ベクトル */
2       double x, y;
3   };
4
5   #define NUM_PTCL 100                /* 粒子数 */
```

5.4 粉体シミュレーションの並列化

```
 6  #define CELL_SIZE 1.0e-2     /* 判定格子の大きさ */
 7
 8  /* 判定格子の最小座標 */
 9  #define CELL_MIN_X 0.0
10  #define CELL_MIN_Y 0.0
11
12  VECTOR2 ptclPosition[NUM_PTCL]; /* 粒子座標 */
13
14  int cell_numPtcl[CY][CX];        /* 判定格子内の現在の粒子数 */
15
16  /* 判定格子に登録された粒子番号の一覧 */
17  int cell_idxPtcl[CY][CX][MAX_CELL_PARTICLES];
18
19  int idxPtcl;         /* 粒子番号 */
20  for(idxPtcl = 0; idxPtcl < NUM_PTCL; idxPtcl++){
21      int cx, cy;      /* 登録先になる判定格子の番号 */
22      int prevIdx;     /* 判定格子内の粒子数 */
23
24      /* 登録先の格子番号を計算 */
25      cx=( ptclPosition[idxPtcl].x - CELL_MIN_X ) / CELL_SIZE;
26      cy=( ptclPosition[idxPtcl].y - CELL_MIN_Y ) / CELL_SIZE;
27
28      /* 判定格子内の粒子数を更新 */
29      prevIdx = cell_numPtcl[cy][cx];
30      cell_numPtcl[cy][cx] += 1;
31
32      /* 判定格子に粒子番号を登録 */
33      cell_idxPtcl[cy][cx][prevIdx] = idxPtcl;
34  }
```

コード5.26を並列化する場合，下線を引いた判定格子内の粒子数を更新する部分でデータ競合の危険性がある．OpenMP 標準の機能でデータ競合を防ぐには，atomic を使うことをまず思いつくが，ここの処理では単に粒子数を更新するだけでなく，粒子数の更新前の値も必要になるため，OpenMP 標準のアトミック演算では機能不足になる．そこで，OpenMP の標準機能だけを使用する場合は，critical を使うことになる．

コード **5.27** 衝突判定格子への粒子登録 (並列)

```
1  int idxPtcl;         /* 粒子番号 */
2  #pragma omp parallel for
3  for(idxPtcl = 0; idxPtcl < NUM_PTCL; idxPtcl++){
4      /* 登録先になる判定格子の番号 */
5      int cx, cy;
6      /* 判定格子内の粒子数 */
7      int prevIdx;
8
```

```
 9        /* 登録先の格子番号を計算 */
10        cx=( ptclPosition[idxPtcl].x - CELL_MIN_X ) / CELL_SIZE;
11        cy=( ptclPosition[idxPtcl].y - CELL_MIN_Y ) / CELL_SIZE;
12
13        /* 判定格子に登録 */
14        #pragma omp critical(increment_numptcl)
15        {
16            prevIdx = cell_numPtcl[cy][cx];
17            cell_numPtcl[cy][cx] += 1;
18        }
19
20        /* 判定格子に粒子番号を登録 */
21        cell_idxPtcl[cy][cx][prevIdx] = idxPtcl;
22    }
```

もし，OpenMPのアトミック演算ではなく，環境依存のアトミック演算を使うなら，コード5.28のように書くことができ，より単純になり，その上高速な動作が期待できる．

コード 5.28　環境依存のアトミック演算を用いた衝突判定格子への粒子登録

```
 1  /* 判定格子内の現在の粒子数 */
 2  /* 注意:環境依存のアトミック演算を使う場合， */
 3  /* Windows環境では，この配列はintからlongに変更する必要があるかもしれない */
 4  int cell_numPtcl[CY][CX];
 5
 6  /* 判定格子に登録された粒子番号の一覧 */
 7  int cell_idxPtcl[CY][CX][MAX_CELL_PARTICLES];
 8
 9  int idxPtcl;           /* 粒子番号 */
10  #pragma omp parallel for
11  for(idxPtcl = 0; idxPtcl < NUM_PTCL; idxPtcl++){
12      /* 登録先になる判定格子の番号 */
13      int cx, cy;
14      /* 判定格子内の粒子数 */
15      int prevIdx;
16
17      /* 登録先の格子番号を計算 */
18      cx=( ptclPosition[idxPtcl].x - CELL_MIN_X ) / CELL_SIZE;
19      cy=( ptclPosition[idxPtcl].y - CELL_MIN_Y ) / CELL_SIZE;
20
21      /* 判定格子に登録 */
22      /* Windows(Visual C++)版 : 加算後の値が返るため，引き算する */
23      prevIdx = _InterlockedIncrement(&cell_numPtcl[cy][cx]) - 1;
24      /* UNIX(GCC)版 : 加算前の値が返るため，そのまま代入 */
25      /* prevIdx = __sync_fetch_and_add(&cell_numPtcl[cy][cx], 1); */
26
27      /* 判定格子に粒子番号を登録 */
```

```
28        cell_idxPtcl[cy][cx][prevIdx] = idxPtcl;
29    }
```

c. リンクリスト構造の並列化　　2 章で示したリンクリスト構造 (linked-list structure) は，従来手法に比べて大幅にメモリ効率の良い手法であり，大規模体系の解析には事実上不可欠である．ここでは，並列計算時にもリンクリスト構造を適用できるよう，構築を並列化する手法について述べる．リンクリスト構造の構築手順は，以下のアルゴリズムの通りである．

(1) 粒子 i が入るべき判定格子を算出.
(2) 判定格子の $last$ が NA である場合，$first$ に i を代入する.
(3) 判定格子の $last$ が NA ではない場合，$nextOf[last]$ に i を代入する.
(4) $last$ に i を代入する.

この手順のうち，(2) と (3) については，処理中に $last$ が変更される，あるいは $first$ や $last$ への代入が同時に起こる，といったデータ競合の危険がある．そこで，コード 2.1 を元に，構築部を並列化した例をコード 5.29 に示す．このコードでは，OpenMP の機能だけを用いたやや効率の悪いものと，環境依存のアトミック演算を用いた効率の良いものを例示する．

コード **5.29**　　リンクリスト構造の構築 (並列)

```
1   struct PARTICLE_CELL{    /* 衝突判定格子の構造体 */
2   /* 注意:環境依存のアトミック演算を使う場合, */
3   /* Windows環境では，この変数はint から long に変更する必要があるかもしれない */
4       int first;
5       int last;
6   };
7
8   /* 衝突判定格子 */
9   PARTICLE_CELL cell_ptcl[CY][CX];
10  /* 粒子間の関係 */
11  int nextOf[NUM_PTCL];
12
13  /* 粒子の登録 */
14  int idxPtcl;
15
16  /* OpenMPの機能のみ */
17  #pragma omp parallel for
18  for(idxPtcl = 0; idxPtcl < NUM_PTCL; idxPtcl++){
19      int lastPrev, cx, cy;
```

104   5. 並列計算

```
20
21          /* 粒子登録先の格子番号をcxとcyに算出 */
22          ...(略)...
23
24  #pragma omp critical(linkedlist_update)
25      {
26          /* 最後の粒子番号を保存 */
27          lastPrev = cell_ptcl[cy][cx].last;
28
29          /* 最後の粒子番号を更新 */
30          cell_ptcl[cy][cx].last = idxPtcl;
31      }
32
33      if(lastPrev == -1){
34          /* 最初の粒子として登録 */
35          cell_ptcl[cy][cx].first = idxPtcl;
36      }else{
37          /* 次の粒子を更新 : lastPrevの次はidxPtcl */
38          nextOf[lastPrev] = idxPtcl;
39      }
40  }
41
42  /* 環境依存のアトミック演算を使用:criticalの部分を置き換える */
43  #pragma omp parallel for
44  for(idxPtcl = 0; idxPtcl < NUM_PTCL; idxPtcl++){
45      ...(略)...
46      /* 最後の粒子番号を保存と同時に更新 */
47      lastPrev = _InterlockedExchange(&cell_ptcl[cy][cx].last, idxPtcl);
48
49      if(lastPrev == -1){
50          ...(略)...
51      }
52  }
```

d. 単一インデックスのリンクリスト構造 先に示したリンクリスト構造は，各判定格子が最初と最後の粒子番号を保持している．しかし，原理的には判定格子は最初の粒子番号をもつだけで良い．判定格子は $last$ をもたないが，$first$ から順に $nextOf$ をたどっていけば，$last$ にあたる粒子を見つけ出すことができるため，前述のアルゴリズムと同様の手順で逐次実行でのリンクリスト構築が可能である．

しかし，並列実行時には，このアルゴリズムでは $last$ を探している間に $nextOf$ の状態が変化する可能性があり，これを防ぐには $last$ を探す間中 critical による排他制御をかけ続けることになる．これは速度低下を招いてしまうため，ここでは「最初の粒子を登録後，後ろに新しい粒子を追加していく」という発

想を逆転し,「最初の粒子を登録後,前に新しい粒子を追加していく」ようにする.アルゴリズムは以下の通りである.

(1) 粒子 i が入るべき判定格子を算出.
(2) 判定格子の $first$ が NA である場合,$nextOf[i]$ に NA を代入し,$first$ に i を代入する.
(3) 判定格子の $first$ が NA ではない場合,$nextOf[i]$ に $first$ を代入し,$first$ に i を代入する.

このアルゴリズムは $first$ が NA かどうかにかかわらず同じ処理をしているため,実際にはもう少し単純に,コード5.30のように書ける.ただし,この処理では,逐次的に複数の粒子を同じ判定格子に登録した場合でも,リスト上の並び順と粒子番号の大小関係が逆転することに留意する必要がある.

(1) 粒子 i が入るべき判定格子を算出.
(2) $nextOf[i]$ に $first$ を代入し,$first$ に i を代入する.

コード **5.30**　単一インデックス時のリンクリスト構造の構築

```
1   struct PARTICLE_CELL{    /* 衝突判定格子の構造体 */
2       int first;  /* 必要に応じてint -> longに変更 */
3   };
4
5   /* 衝突判定格子 */
6   PARTICLE_CELL cell_ptcl[CY][CX];
7   /* 粒子間の関係 */
8   int nextOf[NUM_PTCL];
9
10  /* 粒子の登録 */
11  int idxPtcl;
12
13  /* 環境依存のアトミック演算 */
14  #pragma omp parallel for
15  for(idxPtcl = 0; idxPtcl < NUM_PTCL; idxPtcl++){
16      int firstPrev, cx, cy;
17
18      /* 粒子登録先の格子番号をcxとcyに算出 */
19      ...(略)...
20
21      /* 最初の粒子番号を保存と同時に更新 */
22      firstPrev = _InterlockedExchange(&cell_ptcl[cy][cx].first, idxPtcl);
23
```

```
24            /* 次の粒子を更新 */
25            nextOf[idxPtcl] = firstPrev;
26        }
```

5.4.2 粒子間相互作用の計算

次に，粒子間相互作用力の計算手順について述べる．相互作用力の計算は，DEMシミュレーションにおいて最も計算コストを要する部分であり，2次元体系ではコード5.31のようになる．このコードでは，作用力と反作用力を同時に計算することで，計算負荷を下げる工夫がなされている．

コード 5.31   粒子間相互作用

```
 1   /* 力とトルクはすでにゼロクリアされているものとする */
 2
 3   /* 粒子座標 */
 4   VECTOR2 ptclPosition[NUM_PTCL];
 5   /* 粒子にかかる力 */
 6   VECTOR2 ptclForce[NUM_PTCL];
 7   /* 粒子にかかるトルク */
 8   double ptclTorque[NUM_PTCL];
 9   /* 判定格子内の現在の粒子数 */
10   int cell_numPtcl[CY][CX];
11   /* 判定格子に登録された粒子番号の一覧 */
12   int cell_idxPtcl[CY][CX][MAX_CELL_PARTICLES];
13
14   int idxA;          /* 粒子Aの番号 */
15   for(idxA = 0; idxA < NUM_PTCL; idxA++){
16       /* 自分が含まれる判定格子の番号 */
17       int cx, cy, cxx, cyy;
18       cx=(ptclPosition[idxA].x - CELL_MIN_X) / CELL_SIZE;
19       cy=(ptclPosition[idxA].y - CELL_MIN_Y) / CELL_SIZE;
20
21       /* 近接判定格子を巡回 */
22       for(cyy = cy - 1; cyy <= cy + 1; cyy++){
23           if(cyy < 0 || cyy >= CY)continue;     /* 範囲チェック */
24           for(cxx = cx - 1; cxx <= cx + 1; cxx++){
25               int numCellPtcl, idxCellP;
26               if(cxx <0 || cxx >= CX)continue;    /* 範囲チェック */
27
28               /* 粒子数 */
29               numCellPtcl = cell_numPtcl[cyy][cxx];
30
31               /* 判定格子内の粒子を探索 */
32               for(idxCellP = 0; idxCellP < numCellPtcl; idxCellP++){
33                   int idxB;    /* 粒子Bの番号 */
34                   idxB = cell_idxPtcl[cyy][cxx][idxCellP];
```

```
35                    if(idxA < idxB){
36                        /* 相互作用力の計算 */
37                        VECTOR2D vForce;
38                        double fTorque;
39                        ...(略)...
40                        /* 書き戻し:作用-反作用 */
41                        ptclForce[idxA].x += vForce.x;
42                        ptclForce[idxA].y += vForce.y;
43                        ptclForce[idxB].x -= vForce.x;
44                        ptclForce[idxB].y -= vForce.y;
45
46                        ptclTorque[idxA] += fTorque;
47                        ptclTorque[idxB] += fTorque;
48                    }
49                }
50            }
51        }
52 }
```

コード 5.31 では，作用力と反作用力を同時に計算しているため，粒子間相互作用力の書き戻しの際，データ競合が起こりうる．並列化においてデータ競合を防ぐには，反作用力の計算をせず作用力のみの計算にする，もしくはアトミック演算を適用することが必要である．ここでは，コード 5.32 のようにアトミック演算を用いる例を示す．今回並列化対象となるのは一番外側の粒子 **idxA** のループであるが，粒子間の接触点数は各粒子によって異なるため，各粒子で計算負荷にばらつきが出ることが予想される．そのため，特に粒子数が増えた場合を想定して，ここでは，スレッドのスケジューリングを **dynamic** として，ある程度大きなチャンクサイズとともに指定している．

コード **5.32** 粒子間相互作用 (並列)

```
1  int idxA;          /* 粒子Aの番号 */
2  #pragma omp parallel for schedule(dynamic,32)
3  for(idxA = 0; idxA < NUM_PTCL; idxA++){
4      /* 自分が含まれる判定格子の番号 */
5      int cx,cy;
6      int cxx,cyy;
7      cx=(ptclPosition[idxA].x - CELL_MIN_X) / CELL_SIZE;
8      cy=(ptclPosition[idxA].y - CELL_MIN_Y) / CELL_SIZE;
9
10     /* 近接判定格子を巡回 */
11     for(cyy = cy - 1; cyy <= cy + 1; cyy++){
12         if(cyy < 0 || cyy >= CY)continue;   /* 範囲チェック */
13         for(cxx = cx - 1; cxx <= cx + 1; cxx++){
```

```
14                    int numCellPtcl, idxCellP;
15                    if(cxx <0 || cxx >= CX)continue;         /* 範囲チェック */
16
17                    /* 粒子数 */
18                    numCellPtcl = cell_numPtcl[cyy][cxx];
19
20                    /* 判定格子内の粒子を探索 */
21                    for(idxCellP = 0; idxCellP < numCellPtcl; idxCellP++){
22                        int idxB;     /* 粒子Bの番号 */
23                        idxB = cell_idxPtcl[cyy][cxx][idxCellP];
24
25                        if(idxA < idxB){
26                            /* 相互作用力の計算 */
27                            VECTOR2D vForce;
28                            double fTorque;
29                            ...(略)...
30                            /* 書き戻し:作用-反作用 */
31                            #pragma omp atomic
32                            ptclForce[idxA].x += vForce.x;
33                            #pragma omp atomic
34                            ptclForce[idxA].y += vForce.y;
35                            #pragma omp atomic
36                            ptclForce[idxB].x -= vForce.x;
37                            #pragma omp atomic
38                            ptclForce[idxB].y -= vForce.y;
39
40                            #pragma omp atomic
41                            ptclTorque[idxA] += fTorque;
42                            #pragma omp atomic
43                            ptclTorque[idxB] += fTorque;
44                        }
45                    }
46                }
47            }
48  }
```

5.4.3 粒子の速度と位置の更新

最後に,粒子の速度と位置を更新する手順について述べる.粒子の速度は,粒子が受けた力によって変化する.粒子の位置は,更新後の粒子の速度を元に計算する.この手順はコード 5.33 のようになる.このコードでは,並列化を行ってもデータ競合が起こる場所がないため,単純に並列化ができる.

コード **5.33**　粒子の速度と位置の更新

```
1  /* 粒子座標 */
2  VECTOR2 ptclPosition[NUM_PTCL];
```

```
 3   /* 粒子速度 */
 4   VECTOR2 ptclVelocity[NUM_PTCL];
 5   /* 粒子の回転速度 */
 6   double ptclRotSpd[NUM_PTCL];
 7   /* 粒子にかかる力 */
 8   VECTOR2 ptclForce[NUM_PTCL];
 9   /* 粒子にかかるトルク */
10   double ptclTorque[NUM_PTCL];
11
12   /* 時間刻み:適切に設定すること */
13   double deltaT;
14   /* 粒子の質量:適切に設定すること */
15   double ptclMass;
16   /* 粒子の回転モーメント:適切に設定すること */
17   double ptclIM;
18   /* 重力加速度:適切に設定すること */
19   VECTOR2D vGravity;
20
21   int idxPtcl;         /* 粒子番号 */
22   #pragma omp parallel for
23   for(idxPtcl = 0; idxPtcl < NUM_PTCL; idxPtcl++){
24       /* 速度更新 */
25       ptclVelocity[idxPtcl].x += ptclForce[idxPtcl].x * deltaT / ↵
             ptclMass;
26       ptclVelocity[idxPtcl].y += ptclForce[idxPtcl].y * deltaT / ↵
             ptclMass;
27
28       /* 重力 */
29       ptclVelocity[idxPtcl].x += vGravity.x * deltaT;
30       ptclVelocity[idxPtcl].y += vGravity.y * deltaT;
31
32       /* 回転速度更新 */
33       ptclRotSpd[idxPtcl] += ptclTorque[idxPtcl] * deltaT / ptclIM;
34
35       /* 位置更新 */
36       ptclPosition[idxPtcl].x += ptclVelocity[idxPtcl].x * deltaT;
37       ptclPosition[idxPtcl].y += ptclVelocity[idxPtcl].y * deltaT;
38   }
```

5.4.4 コンパイラオプション

OpenMPを用いたプログラムをコンパイルする際,コンパイラのオプションでOpenMPを明示的に有効にする必要がある場合がある.また,コンパイラの最適化オプションによっては,並列以外の部分でも高速化に寄与するものがある.ここでは,これらのコンパイラオプションについて,簡単に説明しよう.なお,コンパイラオプションは,使用するコンパイラの種類によって異なるほ

か，同じコンパイラでもバージョンによって異なるため，概略を説明するにとどめる．

a. OpenMP の有効/無効　　OpenMP は，多くのコンパイラで標準では無効になっている．OpenMP を有効にするには，「言語 (language) の設定」などの項目で，「並列コードの生成」のような設定を選択する必要がある．また，デバッグのために，スレッドを 1 つだけにして OpenMP を実行する，「逐次実行コードの生成」のような設定がある場合もあるため，注意するとともに，有効に活用して欲しい．なお，Microsoft Visual Studio のようなコンパイラでは，エディションによっては OpenMP が利用できない場合がある．このときは，エディションを変更するか，別のコンパイラを導入することで OpenMP が利用できる．

b. デバッグモード/リリースモード　　プログラムのデバッグに必要な情報を残したファイルを生成するデバッグモードは，バグの発見と修正を容易にするため，多くの最適化を無効にしている．リリースモードは，デバッグ情報を無効にし，最適化を有効にするため，デバッグモードに比べて桁違いの実行速度が得られることがある．

c. 最適化レベル　　プログラムの最適化は，条件分岐の予測，計算の単純化や重複する計算の除去などを行い，計算速度を向上させる．多くのコンパイラでは，プログラムの実行速度の向上もしくはプログラムのサイズの縮小のいずれかを優先して最適化を行うことができる．プログラムのサイズの縮小は，CPU のキャッシュメモリにプログラムが載りやすくなるため，実行速度を優先して最適化させる場合より高速な結果を得ることがある．最適化にはいくつかレベルがあり，レベルが上がるほど実行速度の向上が期待できるが，高レベルの最適化はプログラムとコンパイラの相性次第で実行結果が異常になる場合があるため，注意が必要である．

d. 自動並列化　　配列をクリアするだけのループなど，単純なループをコンパイラが自動的に並列化することを許可するオプションである．手動で OpenMP 並列を行うよりもプログラムを修正する作業が減るが，自動的な並列化が可能な部分は少ないため，過剰な期待は禁物である．

e. インライン関数 プログラム中の関数呼び出しには時間がかかるため，たとえば密度と半径から球形粒子の質量を求めるような単純な関数であれば，実行時間に対する呼び出しコストの割合が高くなる．そこで，単純な関数であれば，関数の呼び出し部に関数の中身を埋め込んでしまうインライン (inline) 展開を行うことで，呼び出しコストを削減できる．C++言語であれば，関数に `inline` を指定することで，コンパイラにインライン展開を行うよう明示的に指示することができる．また，コンパイラによっては，明示的な指示がない関数についても積極的にインライン展開を行うオプションもある．

f. 専用命令セット SIMD 演算のような，特定の CPU に搭載された効率の良い命令セットを使用するには，プログラム中に機械語を直接記述する方法と，コンパイラによる命令の自動生成を用いる方法がある．コンパイラによる命令の自動生成では，計算内容をコンパイラが判断して演算を使用するため，期待通りに命令セットが使用されるとは限らないが，直接機械語を記述する場合よりも遙かに手軽である．なお，コンパイラによる専用命令コードの生成では，特定のプロセッサでしか動作しないようなコードを生成するモードと，専用命令と汎用命令の両方を生成してより多くのプロセッサで動作が可能なモードがある．

g. 浮動小数点モデル CPU の実数計算機能には計算結果を定めた規格に厳密に準拠したモードから，規格から若干逸脱するものの高速に動作するモードまで，いくつかのモードがある．標準では規格に準拠しているモードが使われることが多いが，オプションを変更して高速に動作するモードを選択することで，高速な実行が可能になる場合がある．

5.5 おわりに

本章では，OpenMP を用いて共有メモリ型計算機上で並列計算を行うための方法について説明した．さらに，この並列計算技法を DEM に適用し，シミュレーションを並列に実行するためのアルゴリズムを説明した．DEM による粉体シミュレーションは，規模とともに計算負荷が増大する．DEM を産業界のような大規模体系に応用する場合，計算負荷は非常に大きくなる．CPU のマルチ

コア化，メニーコア化の流れは当面変わらないと予想され，本章で説明した並列計算技法は，今後も大規模体系解析において必要不可欠なものとなるだろう．

文　献

[1] P. A. Cundall, O. D. L. Strack, "A discrete numerical model for granular assemblies," Geotechnique, **29** (1979) 47–65.
[2] Intel Corporation, "http://www.intel.com/".
[3] Motorola, Inc., "http://www.motorola.com/".
[4] Zilog, Inc., "http://www.zilog.com/".
[5] Advanced Micro Devices, Inc., "http://www.amd.com/".
[6] Nvidia Corporation, "http://www.nvidia.com/".
[7] Gene M. Amdahl, Validity of the single processor approach to achieving large scale computing capabilities, Proceedings of the April 18-20, 1967, spring joint computer conference, 3 (1967), 483–485.
[8] Message Passing Interface Forum, "http://www.mpi-forum.org/".
[9] The Message Passing Interface (MPI) standard, "http://www.mcs.anl.gov/research/projects/mpi/".
[10] OpenMP.org, "http://openmp.org/".
[11] OpenMP.org, OpenMP Specifications Version 3.0, "http://openmp.org/wp/openmp-specifications/", 2008.

6 固気二相流の数値解析

6.1 はじめに

　本章では，固気二相流の数値解析手法として，DEM と数値流体力学 (computational fluid dynamics: CFD) を連成した手法[1,2] (一般的に DEM–CFD 法とよばれるので，本章でも以後そのように記す) について詳しく述べる．DEM–CFD 法では，局所体積平均法 (local volume average technique) にもとづくナビエ–ストークス方程式を使用する．局所体積平均法を使用する場合，格子サイズは固体粒子の粒子径に比べて十分に大きく設定する必要がある．その際，抗力の評価には経験式を使用する．このことから，DEM–CFD 法は粉体のマクロ挙動を評価するための手法といえよう．DEM–CFD 法の計算事例として，流動層を示す．

6.2 基　礎　式

　固気二相流の基礎式については，2 章および 3 章における繰返しとなる部分もあるが，本章でもていねいに説明する．ここで，固相は粒子径が均一，すなわち単分散であるとする．

6.2.1 固　　相

固相である粉体の運動方程式について，接触力 (2 章のものと同様)，抗力，圧力勾配，および重力を考慮する．固体粒子の並進および回転運動を，それぞれ，

$$m_\mathrm{s}\ddot{\boldsymbol{x}}_\mathrm{s} = \boldsymbol{F}_{f_\mathrm{s}} - V_\mathrm{s}\nabla p + \sum \boldsymbol{F}_{\mathrm{C}_\mathrm{s}} + \boldsymbol{F}_{\mathrm{g}_\mathrm{s}} \tag{6.1}$$

$$\dot{\boldsymbol{\omega}}_\mathrm{s} = \frac{\sum \boldsymbol{T}_\mathrm{s}}{I_\mathrm{s}} \tag{6.2}$$

のように表す．ここで，m_s, $\boldsymbol{x}_\mathrm{s}$, $\boldsymbol{F}_{\mathrm{C}_\mathrm{s}}$, $\boldsymbol{F}_{\mathrm{g}_\mathrm{s}}$, $\boldsymbol{\omega}_\mathrm{s}$, $\boldsymbol{T}_\mathrm{s}$ および I_s は，それぞれ，固体粒子の質量，固体粒子の位置，固体粒子に作用する接触力，重力，角速度，トルクおよび慣性モーメントである．

固体に作用する接触力 $\boldsymbol{F}_\mathrm{C}$ は，法線方向成分 $\boldsymbol{F}_{\mathrm{C}_\mathrm{n}}$ および接線方向成分 $\boldsymbol{F}_{\mathrm{C}_\mathrm{t}}$ に分けられる．接触力の評価には，DEM[3]を使用し，弾性力，粘性減衰および摩擦力を，それぞれ，ばね，ダッシュポットおよびスライダーで模擬する．接触力の法線方向成分は，

$$\boldsymbol{F}_{\mathrm{C}_\mathrm{n}} = -k_\mathrm{n}\boldsymbol{\delta}_{\mathrm{n}_{ij}} - \eta_\mathrm{n}\boldsymbol{v}_{\mathrm{n}_{ij}} \tag{6.3}$$

のように与えられる．$\boldsymbol{\delta}_{\mathrm{n}_{ij}}$ および $\boldsymbol{v}_{\mathrm{n}_{ij}}$ は，固体粒子 i および j 間の変位および相対速度の法線方向成分である．粘性減衰係数は，衝突の反復によるエネルギー減衰を想定し，反発係数 e と関連づけて，

$$\eta_\mathrm{n} = -2\ln e\sqrt{\frac{m_\mathrm{s}k_\mathrm{n}}{\pi^2 + (\ln e)^2}} \tag{6.4}$$

のように与えられる．

固体粒子表面において滑りがない場合，接触力の接線方向成分は，

$$\boldsymbol{F}_{\mathrm{C}_\mathrm{t}} = -k_\mathrm{t}\boldsymbol{\delta}_{\mathrm{t}_{ij}} - \eta_\mathrm{t}\boldsymbol{v}_{\mathrm{t}_{ij}} \tag{6.5}$$

のように与えられる．変位ベクトルの接線方向成分は，

$$\boldsymbol{\delta}_\mathrm{t} = \int_{t_\mathrm{start}}^{t_\mathrm{end}} \boldsymbol{v}_\mathrm{t}\,\mathrm{d}t \tag{6.6}$$

のように与えられる．前述の通り，接線方向の変位は，固体粒子 i が固体粒子 j に接触した直後 (t_start) から離れる (t_end) までの間，相対速度の接線方向成分を時間積算する．なお，相対速度の接線方向成分は，

$$\boldsymbol{v}_\text{t} = \boldsymbol{v}_{rij} - (\boldsymbol{v}_{rij} \cdot \boldsymbol{n}_{ij})\boldsymbol{n}_{ij} + (r_i\boldsymbol{\omega}_i + r_j\boldsymbol{\omega}_j) \times \boldsymbol{n}_{ij} \tag{6.7}$$

のように与えられる．固体粒子表面において滑りが生じる場合，すなわち，$|\boldsymbol{F}_{\text{C}_\text{t}}| > \mu |\boldsymbol{F}_{\text{C}_\text{n}}|$ となるとき，接触力の接線方向成分は，

$$\boldsymbol{F}_{\text{C}_\text{t}} = -\mu |\boldsymbol{F}_{\text{C}_\text{n}}| \boldsymbol{t}_{ij} \tag{6.8}$$

のように表される．ここで，$\boldsymbol{t}_{ij}$ および μ は，それぞれ，接線ベクトルおよび摩擦係数である．$\boldsymbol{t}_{ij}$ は，

$$\boldsymbol{t}_{ij} = \frac{\boldsymbol{v}_{\text{t}_{ij}}}{|\boldsymbol{v}_{\text{t}_{ij}}|} \tag{6.9}$$

のように与えられる．

固体粒子に作用する抗力は，固体粒子と流体の局所平均速度の差，流体 (気相) の体積分率 [空隙率 (void fraction)] ε および気相–固相間運動量交換係数 (momentum exchange coefficient between solid and gas phase) β と関係づけられ，

$$\boldsymbol{F}_\text{f} = \frac{\beta}{1-\varepsilon} (\boldsymbol{u}_\text{f} - \boldsymbol{v}_\text{s}) V_\text{s} \tag{6.10}$$

のように与えられる．ここで，$\boldsymbol{u}_\text{f}$，$\boldsymbol{v}_\text{s}$ および V_s は，それぞれ，流体の速度，固体粒子の速度および固体粒子の体積である．

β は，Ergun[4] と Wen–Yu[5] を組み合わせた式 (以下，Ergun & Wen–Yu の式と記す)，Di Felice の式[6]，などが広く使用されている．ここでは，β として最も使用されている Ergun & Wen–Yu の式および Di Felice の式について概要を示すとともに，両者を比較してみる．

まず，Ergun & Wen–Yu の式について説明しよう．Ergun & Wen–Yu の式では，空隙率 ε の値 0.8，すなわち，固相の体積分率の値 0.2 をしきい値として，Ergun の式と Wen–Yu の式を切り換える．すなわち，比較的空隙率が小さくなる $\varepsilon \leq 0.8$ では Ergun の式を使用し，比較的空隙率が大きくなる $\varepsilon > 0.8$ では Wen–Yu の式を使用する．Ergun & Wen–Yu の式は，それぞれ，

$$\beta_{\text{Ergun}} = 150\frac{(1-\varepsilon)^2}{\varepsilon}\frac{\mu_\text{f}}{d_\text{s}{}^2} + 1.75(1-\varepsilon)\frac{\rho_\text{f}}{d_\text{s}}|\boldsymbol{u}_\text{f} - \boldsymbol{v}_\text{s}| \quad (\varepsilon \leq 0.8) \quad (6.11)$$

$$\beta_{\text{Wen--Yu}} = \frac{3}{4}C_\text{d}\frac{\varepsilon(1-\varepsilon)}{d_\text{s}}\rho_\text{f}|\boldsymbol{u}_\text{f} - \boldsymbol{v}_\text{s}|\varepsilon^{-2.65} \quad (\varepsilon > 0.8) \quad (6.12)$$

のように表される.ここで,μ_f,d_s,ρ_f および C_d は,気相の粘度,固体粒子径,流体密度および抗力係数である.式 (6.11) の Ergun の式において,右辺第 1 項は粘性力が支配的となる領域に対応し,右辺第 2 項は粒子径および流速が大きな領域,すなわち慣性力が支配的になる領域に対応する[7].なお,Ergun & Wen–Yu の式はともに実験から取得した圧力損失にもとづいて導かれたものゆえに,β には粉体層ばかりでなく壁面の影響も含まれてしまう.すなわち,厳密にいうと粉体層のみの β を評価していることにならない.

Wen–Yu の式における C_d はレイノルズ数 (Re_s) に依存し,

$$C_\text{d} = \begin{cases} \dfrac{24}{Re_\text{s}}\left(1 + 0.15Re_\text{s}^{0.687}\right) & (Re_\text{s} \leq 1000) \\ 0.44 & (Re_\text{s} > 1000) \end{cases} \quad (6.13)$$

のように与えられる.その際,Re_s は,

$$Re_\text{s} = \frac{|\boldsymbol{u}_\text{f} - \boldsymbol{v}_\text{s}|\varepsilon\rho_\text{f}d_\text{s}}{\mu_\text{g}} \quad (6.14)$$

のように表される.

Ergun & Wen–Yu の式は,$\varepsilon = 0.8$ において不連続となる.本来,β は ε に対して連続的に変化すべきである.このような β の不連続性を解消するために,

$$\varphi = \frac{\arctan[150 \times 0.75\{0.2 - (1-\varepsilon)\}]}{\pi} + 0.5 \quad (6.15)$$

を導入して,Ergun & Wen–Yu の式を

$$\beta = (1-\varphi)\beta_{\text{Ergun}} + \varphi\beta_{\text{Wen--Yu}} \quad (6.16)$$

のように接続することがなされる.式 (6.16) の効果を確認してみよう.図 6.1 に β と ε の関係を示す.もともとの Ergun & Wen–Yu の式では,$\varepsilon = 0.8$ において不連続性が見られるのに対して,式 (6.16) を用いると β は空隙率に対して連続になる.

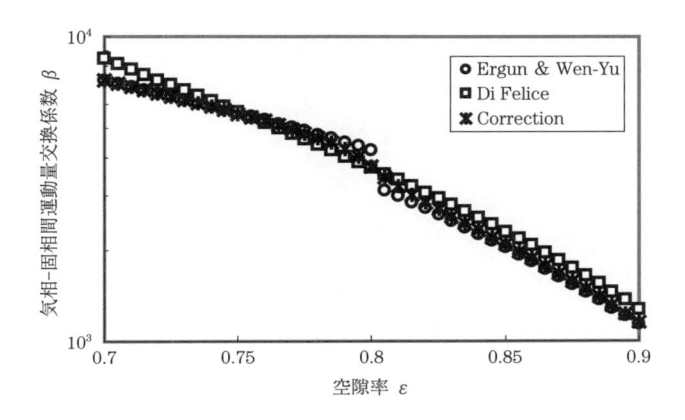

図 **6.1** 固相–連続相間運動量交換係数の空隙率依存性

次に，Di Felice の式について説明する．Di Felice の式は，単一球に作用する抗力の式を拡張して，球のまわりに多数の粒子が存在した場合の抗力を評価できるようにしたものである．Ergun & Wen–Yu の式では，壁面の影響が含まれたが，Di Felice の式では理論上は壁面の影響を取り除くことができる．Di Felice の式の導出にあたり，ある球体に作用する抗力は局所空隙率 ε にもとづく関数 $f(\varepsilon)$ のみに依存すると仮定し，抗力を

$$\boldsymbol{F}_\mathrm{D} = \boldsymbol{F}_\mathrm{D0} f(\varepsilon) \tag{6.17}$$

のように与える．$\boldsymbol{F}_\mathrm{D0}$ は単一球に作用する抗力である．$f(\varepsilon)$ を算定するにあたり，レイノルズ数依存性と固定層 (fixed bed) における実験式を考慮する．

したがって，Di Felice の式は，

$$\beta_\mathrm{Di\ Felice} = \frac{3}{4} C_\mathrm{d} \frac{\varepsilon(1-\varepsilon)}{d_\mathrm{s}} \rho_\mathrm{f} \left|\boldsymbol{u}_\mathrm{f} - \boldsymbol{v}_\mathrm{s}\right| f(\varepsilon) \tag{6.18}$$

のように表される．$f(\varepsilon)$ は，

$$f(\varepsilon) = \varepsilon^{-\chi} \tag{6.19}$$

のように与えられる．χ および C_d は，それぞれ，

$$\chi = 3.7 - 0.65\exp\left[-\frac{1}{2}\left(1.5 - \log_{10} Re_\mathrm{s}\right)\right] \tag{6.20}$$

$$C_\mathrm{d} = \left(0.63 + \frac{4.8}{Re_\mathrm{s}^{0.5}}\right)^2 \tag{6.21}$$

のように表される．

β について，Ergun & Wen–Yu の式と Di Felice の式とでどちらを使うべきであろうか？ Di Felice の式では，壁面の効果が β に考慮されていないため，整合のとれたモデルのように見える．しかしながら，最終的に壁面の影響が含まれる実験式を用いて χ を決定したため，壁面の影響を完全に取り去るとができていない．最終的に，どちらの式を使用するのかはユーザの好みになってしまう．したがって，ユーザは Ergun & Wen–Yu の式と Di Felice の式を使用した際に両者でどの程度違いが出るのかを知っておく必要がある．

そこで，Ergun & Wen–Yu の式と Di Felice の式を比較してみよう．まず，β と空隙率の関係を考察してみる．図 6.2 に β の空隙率依存性を示す．本図において，Re_s が 10 および 1000 を，それぞれ，黒および白で示した．また，Ergun & Wen–Yu の式と Di Felice の式は，それぞれ，丸および四角で示した．本図より，両者は空隙率の値が 0.6 以上ではほとんど差異が見られないが，0.6 よりも小さくなると，Di Felice の式の方が大きくなった．

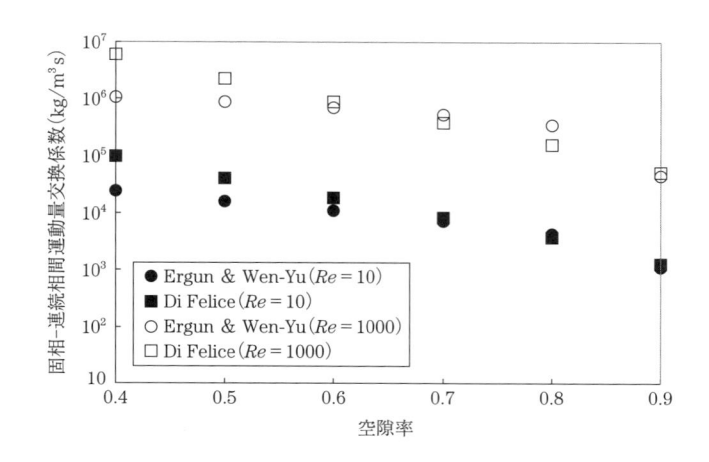

図 **6.2** 固相–連続相間運動量交換係数の空隙率依存性

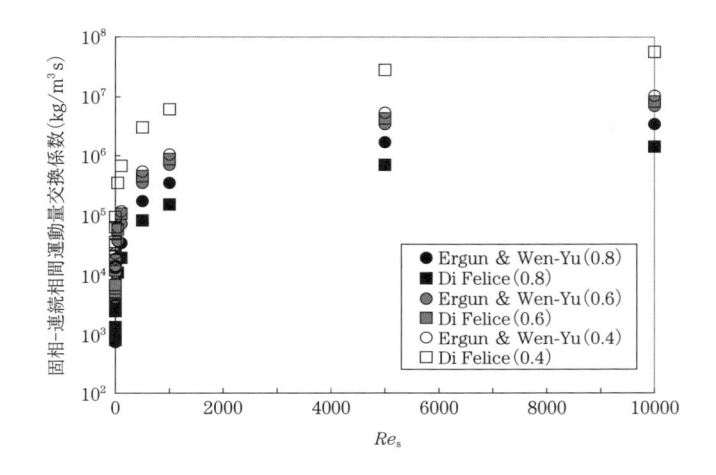

図 6.3 固相–連続相間運動量交換係数のレイノルズ数依存性

次に，β のレイノルズ数依存性について考察してみる．図 6.3 に β のレイノルズ数依存性を示す．本図においても，Ergun & Wen–Yu の式と Di Felice の式は，それぞれ，丸および四角で示した．また，ε が 0.4, 0.6 および 0.8 を，それぞれ，白，グレーおよび黒で示した．Re_s の値が大きくなるほど，β の値が大きくなり，両者の β のレイノルズ数依存性の傾向はほとんど同じであった．他方，ε の値が 0.4 および 0.8 では Re_s が大きくなるにつれて両者の差が大きくなる．

このように，β には ε が 0.6 よりも大きくなるまたは小さくなると，すなわち固相の体積分率が 0.4 から離れると，Ergun & Wen–Yu の式と Di Felice の式に差が生じることを知っておく必要がある．Ergun & Wen–Yu の式および Di Felice の式を含むいくつかの β を用いた際の粉体のマクロ挙動を比較した研究[8]があるので，β と粉体のマクロ挙動の関係に関心のある読者はそれを参照されたい．

6.2.2 気 相

気相の支配方程式は，連続の式とナビエ–ストークス方程式である．これらの式を局所体積平均法[9]で示すと，

$$\frac{\partial \varepsilon}{\partial t} + \nabla \cdot (\varepsilon \boldsymbol{u}_\mathrm{f}) = 0 \tag{6.22}$$

$$\frac{\partial (\varepsilon \rho_\mathrm{f} \boldsymbol{u}_\mathrm{f})}{\partial t} + \nabla \cdot (\varepsilon \rho_\mathrm{f} \boldsymbol{u}_\mathrm{f} \boldsymbol{u}_\mathrm{f}) = -\varepsilon \nabla p + \boldsymbol{f} + \nabla \cdot (\varepsilon \boldsymbol{\tau}_\mathrm{f}) + \varepsilon \rho_\mathrm{f} \boldsymbol{g} \tag{6.23}$$

のように与えられる．ここで，$\boldsymbol{\tau}_\mathrm{f}$ は粘性応力である．局所体積平均法の場合，流体解析の格子サイズが固体粒子の直径よりも十分に大きく設定する必要がある．固相と気相間の運動量の交換は，式 (6.10) および (6.23) の流体抗力項を通して行われる．

6.3 アルゴリズム

6.3.1 気　　相

本節では，フラクショナルステップ法を例に固気二相流のアルゴリズムを説明する．固相および気相の運動を同一のマトリックスで計算しない観点から，固相と気相のカップリングは弱連成である．

固気二相流のアルゴリズムの概要を図 6.4 を用いて説明しよう．まず，固体粒子の運動を評価し，固体粒子の位置情報にもとづいて流体解析の格子における固相の体積分率 (もしくは，空隙率 ε) を求める．次に，ε および固相–気相間の相対速度を用いて，固相と気相の運動量が保存するように流体抗力を算定する．その後，3 章で示された流体解析と同様の手順で，流体の圧力および流速を評価する．

アルゴリズムを詳しく示そう．連続の式とナビエ–ストークス方程式を時間について離散化すると，

$$\frac{\varepsilon^{n+1} - \varepsilon^n}{\Delta t} + \nabla \cdot (\varepsilon^{n+1} \boldsymbol{u}_\mathrm{f}^{n+1}) = 0 \tag{6.24}$$

$$\frac{\varepsilon^{n+1} \boldsymbol{u}_\mathrm{f}^{n+1} - \varepsilon^n \boldsymbol{u}_\mathrm{f}^n}{\Delta t} + \nabla \cdot (\varepsilon^n \boldsymbol{u}_\mathrm{f}^n \boldsymbol{u}_\mathrm{f}^n) = -\frac{\varepsilon^n}{\rho_\mathrm{f}} \nabla p^{n+1} + \frac{1}{\rho_\mathrm{f}} \boldsymbol{f} + \varepsilon^{n+1} \boldsymbol{g} \tag{6.25}$$

のように表される．固気二相流における気相の挙動は，3 章の流体解析のアルゴリズムと同様に解析することができる．固気二相流における流体解析では，多くの場合，スタガード格子を用いる．その場合，スカラーである ε および p を格子の中心に配置し，ベクトルである速度 $\boldsymbol{u}_\mathrm{f}$ をスカラー変数の配置点に対し

6.3 アルゴリズム 121

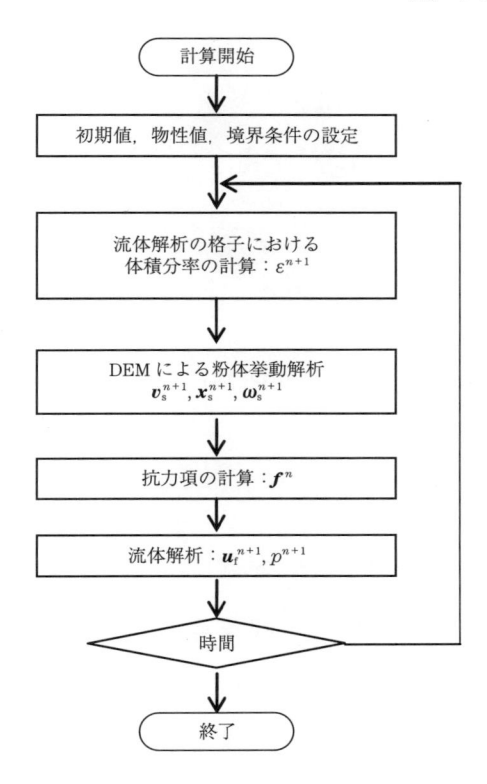

図 6.4 DEM–CFD 法のアルゴリズム

てそれぞれの方向に格子半分ずらした位置に配置する．まず，気相を計算するためのアルゴリズムを説明しよう．

連続の式と運動方程式を結合する前に，流体格子中に含まれる気相 (または固相) の体積分率を計算する必要がある．気相の体積分率，すなわち，空隙率は，格子の体積 V_c とその格子に含まれる固体粒子の体積 V_{s_i} を用いて，

$$\varepsilon^{n+1} = 1 - \frac{\sum V_{s_i}}{V_c} \tag{6.26}$$

のように算定する (図 6.5)．

流体抗力は，ニュートンの第 3 法則が成り立つように，

$$\boldsymbol{f} = -\frac{\sum \boldsymbol{F}_f}{V_c} \tag{6.27}$$

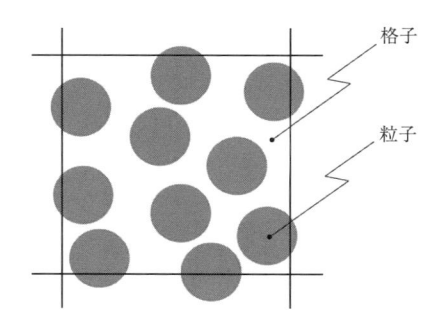

図 **6.5** 各格子における体積分率

のように与えられる．これにより，固相と気相の運動量が保存される．流体抗力と空隙率が得られれば，3章で示した通常の数値流体力学と同様のアルゴリズムを用いることができる．

固気二相流のアルゴリズムは比較的複雑なので導出しておく．式 (6.25) は

$$\varepsilon^{n+1}\boldsymbol{u}_{\mathrm{f}}^* = \varepsilon^n \boldsymbol{u}_{\mathrm{f}}^n + \Delta t \boldsymbol{H}_{\mathrm{f}}^n \tag{6.28}$$

$$\varepsilon^{n+1}\boldsymbol{u}_{\mathrm{f}}^{n+1} = \varepsilon^{n+1}\boldsymbol{u}_{\mathrm{f}}^* - \frac{\Delta t}{\rho_{\mathrm{f}}}\varepsilon^n \nabla p^{n+1} \tag{6.29}$$

のように2つの式に分解することができる．ただし，

$$\boldsymbol{H}_{\mathrm{f}}^n = -\nabla \cdot (\varepsilon^n \boldsymbol{u}_{\mathrm{g}}^n \boldsymbol{u}_{\mathrm{f}}^n) + \frac{\boldsymbol{f}}{\rho_{\mathrm{f}}} + \frac{\nabla \cdot (\varepsilon^n \boldsymbol{\tau}_{\mathrm{f}}^n)}{\rho_{\mathrm{f}} + \boldsymbol{f}} \tag{6.30}$$

とする．式 (6.29) を式 (6.24) に代入すると，ポアソン方程式が得られ，

$$\nabla \cdot \left(\frac{\Delta t \varepsilon^n}{\rho_{\mathrm{f}}}\nabla p^{n+1}\right) = -\frac{\varepsilon^{n+1} - \varepsilon^n}{\Delta t} - \nabla \cdot \left(\varepsilon^{n+1}\boldsymbol{u}_{\mathrm{f}}^*\right) \tag{6.31}$$

のようになる．式 (6.31) の $\boldsymbol{u}_{\mathrm{f}}^*$ は，式 (6.28) より単なる代入により求めることができる．ポアソン方程式は連立1次方程式であり，4章の流体解析で紹介した行列解法を使用することにより解くことができる．式 (6.31) を解くことにより p^{n+1} が得られる．流体の速度 $\boldsymbol{u}^{n+1}$ は，

$$\boldsymbol{u}^{n+1} = \boldsymbol{u}^* - \frac{\Delta t}{\rho_{\mathrm{g}}}\frac{\varepsilon^n}{\varepsilon^{n+1}}\nabla p^{n+1} \tag{6.32}$$

により更新される．

空間に関する離散化については，3章を参考にして行えばよい．

6.3.2 固　相

　固相の運動については，2 章の「離散要素法の基礎」および 4 章の「数値計算の基礎」で説明した内容を応用すればよい．繰り返しになる部分がかなりあるが，ていねいに説明していく．

　固相の運動方程式は，式 (6.1) に示した通りであり，これを離散化して示すと，

$$m_\mathrm{s} \boldsymbol{a}_\mathrm{s} = \boldsymbol{F}_\mathrm{total}^n = \boldsymbol{F}_\mathrm{f_s}^n - V_\mathrm{s} \nabla p^n + \sum \boldsymbol{F}_\mathrm{C_s}^n + \boldsymbol{F}_\mathrm{g_s}^n \tag{6.33}$$

のようになる．固体粒子の情報は，既知の情報，すなわち，現在のステップ (n) における固体粒子の変位，固体粒子の速度，流体の圧力および流体の速度を用いて更新される．

　スプリッティングスキームを使用して固体粒子の情報を更新する．並進運動の場合，固体粒子に作用する力 $\boldsymbol{F}_\mathrm{total}^n$ にもとづいて現在のステップ n における加速度は，

$$\boldsymbol{a}_\mathrm{s}^n = \frac{\boldsymbol{F}_\mathrm{total}^n}{m_\mathrm{s}} \tag{6.34}$$

のようになる．それを用いて，固体粒子の速度を

$$\boldsymbol{v}_\mathrm{s}^{n+1} = \boldsymbol{v}_\mathrm{s}^n + \boldsymbol{a}_\mathrm{s}^n \Delta t \tag{6.35}$$

のように求める．更新された速度を用いて

$$\boldsymbol{x}_\mathrm{s}^{n+1} = \boldsymbol{x}_\mathrm{s}^n + \boldsymbol{v}_\mathrm{s}^{n+1} \Delta t \tag{6.36}$$

のように固体粒子の位置を更新する．このような手順により，時間ステップ $n+1$ の固体粒子の位置および速度を得る．

　回転運動の場合，固体粒子に作用するトルクより現在のステップ n における角加速度が求められ，

$$\dot{\boldsymbol{\omega}}_\mathrm{s}^n = \frac{\boldsymbol{T}_\mathrm{s}^n}{\boldsymbol{I}_\mathrm{s}} = \frac{\boldsymbol{r}_\mathrm{s} \times \boldsymbol{F}_\mathrm{C_t}^n}{\boldsymbol{I}_\mathrm{s}} \tag{6.37}$$

それを用いて，角速度を

$$\boldsymbol{\omega}_\mathrm{s}^{n+1} = \boldsymbol{\omega}_\mathrm{s}^n + \dot{\boldsymbol{\omega}}_\mathrm{s}^n \Delta t \tag{6.38}$$

のよう更新する．更新された角速度を用いて

$$\boldsymbol{\theta}_s^{n+1} = \boldsymbol{\theta}_s^n + \boldsymbol{\omega}_s^{n+1} \Delta t \tag{6.39}$$

のように固体粒子の回転角を更新する．このような手順により，時間ステップ $n+1$ の固体粒子の角速度および回転角を得る．

6.4 数値解析例

本節では，固気二相流の数値解析事例として，最も典型的な体系の1つである流動層の数値解析を示す．

流動層では，図 6.6 に示す Geldart map[10] により，粉体が4つのグループに分類され，それぞれのグループにおいて特徴的な粉体のマクロ挙動が観察される．Geldart の粉体分類は，固体粒子の密度 (正確には，固体粒子の密度と流体の密度の差) と粒子径にもとづいて粉体の特性を説明したものである．Geldart の粉体分類では，粒子径の大きい順に Geldart D, B, A および C の4つのグループに分類される．Geldart D および B に属する粉体は，比較的大きな粒子のため粗粒子とよばれることがある．他方，Geldart A および C に属する粉体は細粒子とよばれる．グループ D–B およびグループ B–A 間の境界には，特有

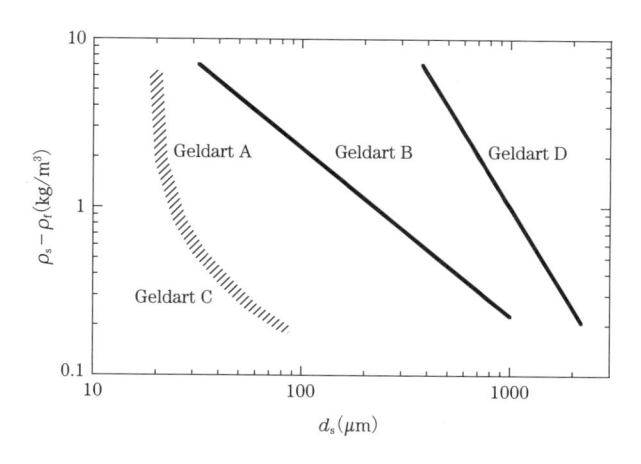

図 **6.6** Geldart の粉体分類

表 6.1　Geldart の粉体分類[7, 10]

グループ	特徴
Geldart D	Geldart の粉体分類の中で最も大きな固体粒子 (たとえば，コーヒー豆，ナッツ) が該当する．固体粒子状態では，圧力損失が相対的に小さい．均一流動化状態の形成が困難である．気泡径は空塔速度 ($\geq$ 最小流動化速度) の増加とともに大きくなる．気泡径は分散板からは離れるほど大きくなる．やや付着性のある固体粒子であっても，その慣性力の大きさから流動することが可能である．
Geldart B	流動しやすい比較的大きな固体粒子 (たとえば，砂) が該当する．平均粒子径 d_s および粒子密度 ρ_s について，$40\,\mu m < d_s < 500\,\mu m$, $1.4\,kg/m^3 < \rho_s < 4\,kg/m^3$ が典型的なグループ B の粒子である．層頂において気泡の破裂を伴うような比較的激しい流動状態が観察される．気泡径は空塔速度 ($\geq$ 最小流動化速度) の増加とともに大きくなる．気泡径は分散版からは離れるほど大きくなる．均一流動化状態が形成されない．
Geldart A	流動化しやすい比較的小さな粒子 (たとえば，FCC 触媒) が該当する．平均粒子径が比較的小さく，$\rho_s < 1.4\,kg/m^3$ のように比較的密度が小さな粉体である．均一化流動領域がある．気泡上昇速度が濃厚層を通過するガスの線速度よりも速い．
Geldart C	流動化しにくい細粒子 (たとえば，小麦粉，セメント) が該当する．付着性が大きく，個々の粒子レベルでの流動化が困難である．チャネリングが発生する．低ガス流速では，粉体層にクラックが生じ，チャネリング状態となりやすい．

の現象から判定される条件式がある．他方，グループ C–A 間の境界は経験的に決定したものである．各グループの特徴を表 6.1 に示す．

流動層の数値解析は，これまで，粉体層が比較的大きな粒子径で構成されている体系を対象としたものが多かった．近年になって，計算機の著しい性能向上に伴い，粉体層が比較的小さな粒子径で構成される体系についても計算できるようになってきた．ここでは，流動層における粗粒子および細粒子を対象とした数値解析事例を示す．

6.4.1　粗粒子で構成された流動層の 2 次元数値解析

まず，粗粒子で構成された流動層の 2 次元数値解析を紹介する．流動層の数値解析において，2 次元体系のことを準 3 次元体系 (quasi three dimension または pseudo three dimension) とよぶことがある．というのは，実際には粉体層の奥行きを粒子径として計算するためである．流動層では底部から気体が注入される．空気の流入速度のことを空塔速度 (superficial velocity) という．空塔速度とは，粉体層が充填されてないものとして計算される流体の速度を意味

図 **6.7** 解 析 体 系

する．流動層の研究では，気泡の挙動に注目することが多い．空隙率から気泡の大きさを求めることができ[11, 12]，

$$D_{\mathrm{eq}} = \sqrt{\frac{4}{\pi} A_{\mathrm{b}}} \tag{6.40}$$

を使用して気泡の大きさ(等価直径)を評価する．たとえば，空隙率 0.8 の値を気泡の界面と仮定して，その大きさを評価することができる．

解析体系を図 6.7 に示す．解析領域は幅 80 mm および高さ 800 mm の 2 次元体系である．使用する流体は空気を想定し，密度および粘性率を $1.0\,\mathrm{kg/m^3}$ および $1.8\times10^{-5}\,\mathrm{Pa\cdot s}$ に設定した．固体粒子はガラスビーズを想定し，粒子径を 300 μm とし，粒子密度を $2500\,\mathrm{kg/m^3}$ とした．図 6.6 よりこの粉体は Geldart B 粒子に分類される．固体粒子のばね定数は，800 N/m とした．ばね定数の値 800 N/m は，実際の物性にもとづいて設定した剛性と比較するとかなり軟らかいが，固気二相流ではこのような設定がしばしばなされる．これは，固気二相流の粉体のマクロ挙動が粉体の剛性に著しく依存しないためである．反発係数および摩擦係数は，それぞれ，0.9 および 0.3 とした．これらの値は粉体の物性値として広く用いられているものである．計算粒子数は，126,000 である．計

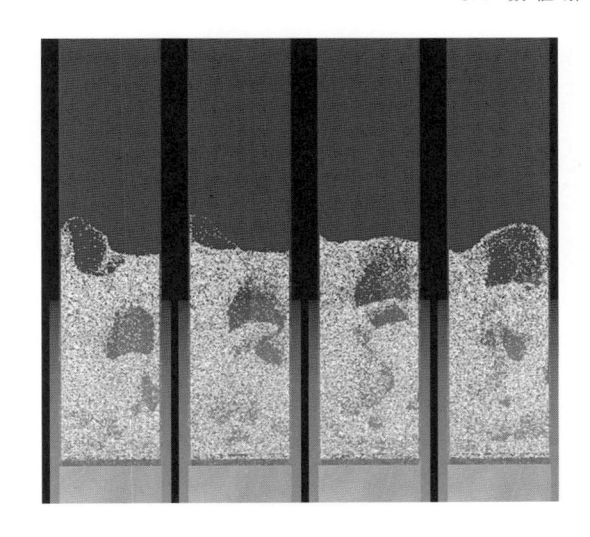

図 6.8 解 析 結 果

算領域の分割数は，4,000 である．ここでは，空塔速度を 0.37 m/s とした．

このような設定にもとづいて，DEM–CFD 法を用いた流動層の数値解析より得られた結果を図 6.8 に示す．本図は準定常状態のものである．表 6.1 で示された特徴のように，層頂での気泡の破裂や気泡径の成長が観察された．このように，DEM–CFD 法を用いて流動層内の粗粒子のマクロ挙動を模擬できることが示された．

6.4.2　細粒子で構成された流動層の 2 次元数値解析

次に，細粒子で構成された流動層の 2 次元数値解析を紹介する．前述の粗粒子を対象とした数値解析では，多くの場合，付着力 (cohesive force) を考慮することはない．他方，粒子径が小さくなると，付着力の影響が相対的に大きくなるため，しばしば付着力を考慮する必要がある．そこで，本項では，付着力としてファンデルワールス力 (van der Waals force) を考慮した流動層の数値解析の事例を紹介する．

細粒子の接触力およびファンデルワールス力のモデル化について述べる．接触力のモデル化において，既往の研究では線形ばねを使用している．細粒子の

ばね定数の設定においても，粗粒子の場合と同様に，実際の物性値を使用した際のばね定数よりも軟らかいものを使用することがしばしばなされる．細粒子のばね定数は，粗粒子のものよりもさらに小さな値が用いられ，10 N/m になることもある[13]．このような小さなばね定数の値を使用しても問題にならないのであろうか？粗粒子において小さなばね定数の使用が許容できるのであれば，細粒子のばね定数が粗粒子よりも2桁も小さく設定することは問題にならないと考えられる．この理由は，非線形ばねを用いて説明すると理解しやすい．式(2.46) より，非線形ばねの法線方向のばね定数は，線形ばねと単位をそろえて示すと，

$$k_\mathrm{n} = \frac{\sqrt{2r_\mathrm{s}^*}E_\mathrm{s}}{3(1-\nu_\mathrm{s}^2)}\delta_n^{1/2} \quad (6.41)$$

のように与えられる．多くの粉体のヤング率 E_s の値は 10^{10} 程度であるので，とても 10.0 N/m という値にはなりそうもない (1000 N/m にもならないようなので，相当軟らかいばねであることがわかる) が，式 (6.41) よりばね定数が変位 $\delta_{n_{ij}}$ と粒子径 r に関係づけられることに気がつく．オーバーラップの比率が粗粒子と細粒子で同じとすると，$\delta \propto d_\mathrm{s}$ のように表される．そのため，粒子径が 1/100 に設定すると，ばね定数も 1/100 に設定しても問題ないことになる．したがって，粗粒子において実際の物性値から算定したばね定数よりも小さなものを使用できれば，細粒子のばね定数を粗粒子よりも2桁も小さく設定することは工学的な視点では問題ないといえよう．

次に，ファンデルワールス力のモデル化について説明する．Geldart A 粒子の数値解析では，現在のところファンデルワールス力のみに注目した研究がなされている[14]．ファンデルワールス力は，固体粒子-固体粒子間 (p–p) もしくは粒子-壁間 (p–w) に作用する遠距離力であり，それぞれ，

$$\boldsymbol{F}_\mathrm{vdw}^\mathrm{p-p} = \frac{H_\mathrm{A}d_\mathrm{s}^*}{24h^2}\boldsymbol{n} \quad (6.42)$$

$$\boldsymbol{F}_\mathrm{vdw}^\mathrm{p-w} = \frac{H_\mathrm{A}d_\mathrm{s}}{24h^2}\boldsymbol{n} \quad (6.43)$$

のように与えられる．ここで，d^*，H_A および h は，それぞれ，換算粒径，ハマカー定数および表面間距離である．なお，換算粒径 d_s^* は，

$$d_\mathrm{s}^* = \frac{d_{\mathrm{s}_i}d_{\mathrm{s}j}}{d_{\mathrm{s}_i}+d_{\mathrm{s}j}} \quad (6.44)$$

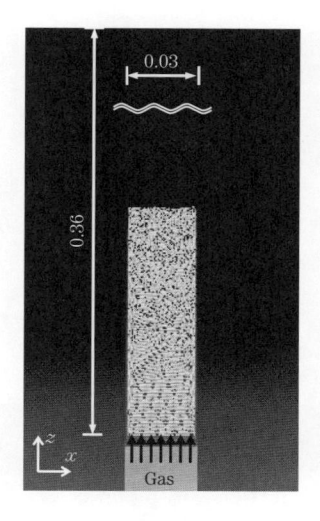

図 **6.9**　2 次元流動層解析体系

のように与えられる．h は 0 になると発散するので，カットオフを用いる．カットオフの値は 0.4 nm が広く用いられ，h の値が 0.4 nm 以下にならないように設定する．ファンデルワールス力の詳細については，専門書 (たとえば，文献

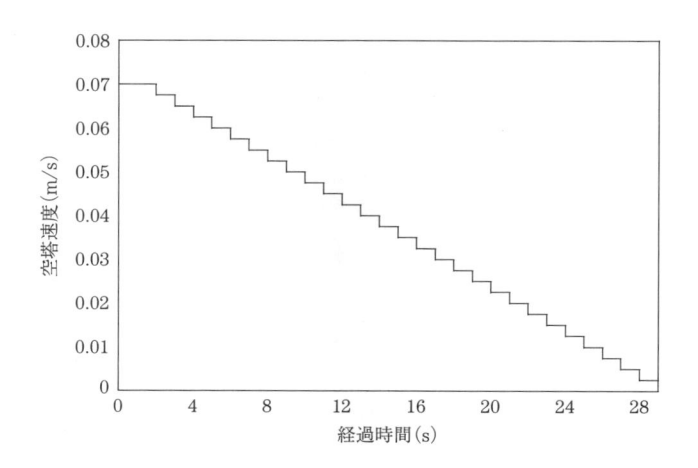

図 **6.10**　空 塔 速 度

130   6. 固気二相流の数値解析

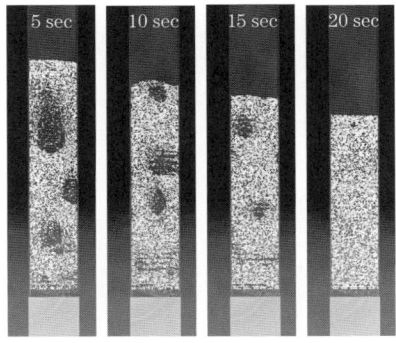

(a) 付着力なし

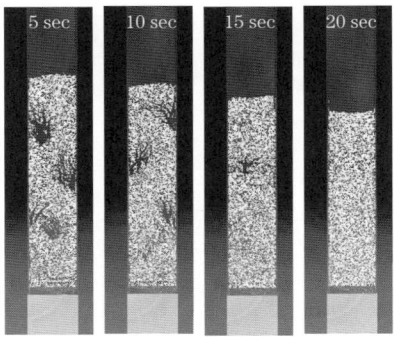

(b) 弱い付着力

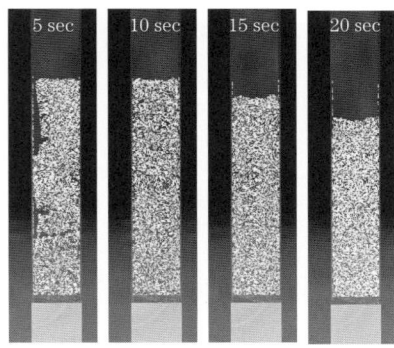

(c) 強い付着力

図 **6.11** 流動層シミュレーション結果

[15]) を参考にされたい．

　モデル化の説明が終わったので，細粒子で構成された流動層の 2 次元数値解析について具体的に示す．解析体系を図 6.9 に示す．解析領域は幅 30 mm および高さ 360 mm の 2 次元体系である．使用する流体は空気を想定し，密度および粘性率を $1.0\,\mathrm{kg/m^3}$ および $1.8 \times 10^{-5}\,\mathrm{Pa\cdot s}$ に設定した．粒子径を $200\,\mu\mathrm{m}$ とし，粒子密度を $1000\,\mathrm{kg/m^3}$ とした．図 6.6 よりこの粉体は Geldart A 粒子に分類される．ここでは，法線方向および接線方向のばね定数を $10.0\,\mathrm{N/m}$ と設定した．また，反発係数および摩擦係数は，それぞれ，0.9 および 0.3 とした．計算粒子数は 90,000 である．計算領域の分割数は 1,200 である．ここでは，付着力が粉体のマクロ挙動に及ぼす影響を評価するためにハマカー定数 H_A をパラメータとした 3 種類の数値解析を実行した．事例 1 は $H_\mathrm{A} = 0.0\,\mathrm{J}$ とし，すなわち，付着力が作用しない条件である．事例 2 および 3 では，付着力を考慮した条件であり，それぞれ，$H_\mathrm{A} = 1.0 \times 10^{-20}\,\mathrm{J}$ および $H_\mathrm{A} = 1.0 \times 10^{-19}\,\mathrm{J}$ とした．空塔速度は，図 6.10 のように 2 秒間 $0.02\,\mathrm{m/s}$ で与えた後，減少させていった．

　図 6.11 にシミュレーションの典型的なスナップショットを示す．この図では左から順番に，解析開始から，5.0 秒，10 秒，15 秒および 20 秒後の粉体の挙動を示している．事例 1～3 (図 6.11a～c) のすべてにおいて空塔速度の減少と

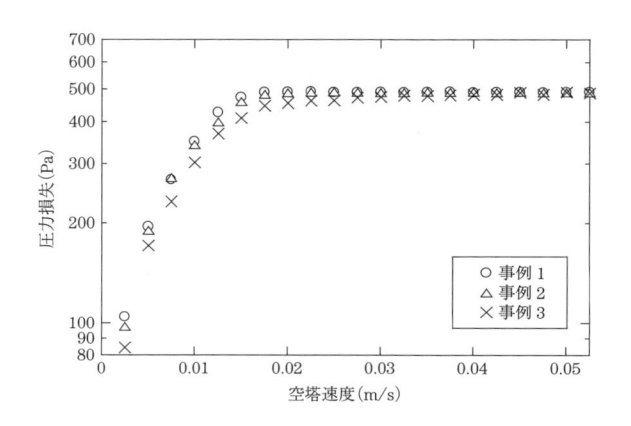

図 **6.12**　　最小流動化速度の評価

ともに，粉体層が低くなった．図 6.11a および図 6.11b のように気泡が観察された体系では，空塔速度の減少とともに，気泡径が小さくなった．図 6.11c のように，強い付着力の体系では，チャネリング (channeling) が観察された．図 6.12 に空塔速度と圧力損失の関係を示す．空塔速度を減少させて，ある速度以下になると，圧力が急激に小さくなった．この速度のことを最小流動化速度 (minimum fluidization velocity) という．数値解析より得られた最小流動化速度は付着力が大きな体系ほど大きくなり，既往の実験結果のものと整合した．このように，DEM–CFD 法を用いて流動層内の細粒子のマクロ挙動を模擬できることがわかる．

6.4.3　細粒子で構成された流動層の 3 次元数値解析

最後に，細粒子で構成された流動層の 3 次元数値解析を紹介する．これまでの数値解析の事例では，2 次元体系を扱ってきたが，当然ながら 3 次元体系の計算も実行することができる．$20\,\text{mm} \times 60\,\text{mm} \times 4.0\,\text{mm}$ の 3 次元体系において，Geldart A 粒子で構成される流動層の数値解析を実行した．使用する流体は空気を想定し，密度および粘性率を $1.0\,\text{kg/m}^3$ および $1.8 \times 10^{-5}\,\text{Pa·s}$ に設定した．固体粒子の粒子径，密度，反発係数および摩擦係数は，それぞれ，$150\,\mu\text{m}$，$800\,\text{kg/m}^3$，0.9 および 0.3 とした．計算粒子数は，405,000 である．

図 **6.13**　DEM–CFD 法による 3 次元数値解析

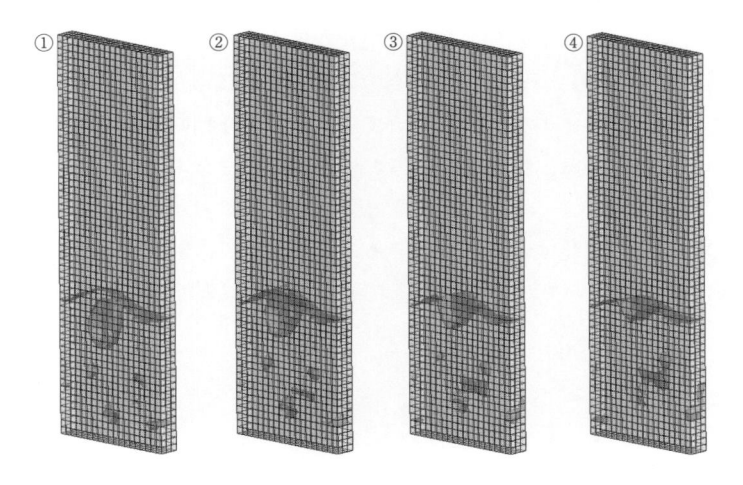

図 **6.14** 空隙率 0.8 の等値面

計算領域の分割数は，4,800 である．空塔速度を 6.0×10^{-2} m/s とした．

図 6.13 に準定常状態の数値解析結果を示す．流動層に奥行きがあると，気泡形状はわかりづらいが，気泡の層頂での破裂を観察することができる．3 次元体系において粉体層内部の様子を観察することが困難である．このようなとき

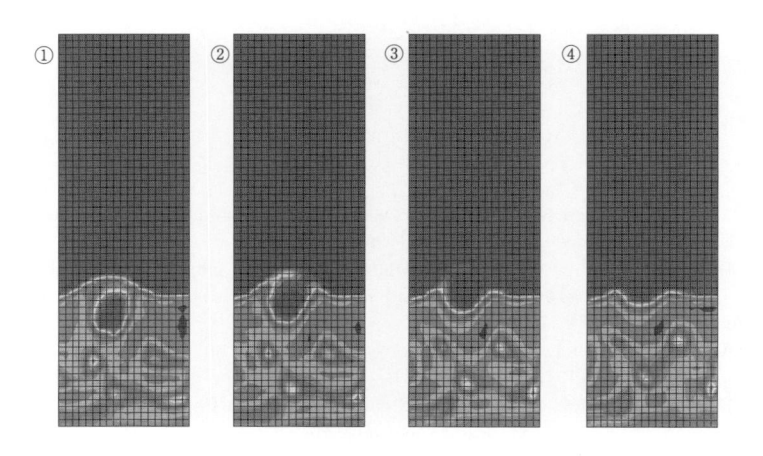

図 **6.15** 空隙率の濃淡図

に数値解析結果のポスト処理による可視化が威力を発揮する．ポスト処理により粉体層内部の情報について，空隙率の等値面または濃淡図を示すことができる．ここでは，空隙率の等値面を描いてみる．図 6.14 は図 6.13 における空隙率 0.8 の等値面である．粉体層内部における気泡の生成および成長を観察することができる．図 6.15 は空隙率の濃淡図である．これにより，粉体層内部の空隙率の分布を可視化することができる．このように，3 次元体系においても，DEM–CFD 法を用いて流動層内の細粒子のマクロ挙動を模擬できることがわかる．

6.5 お わ り に

本章では，固気二相流の数値解析手法として，DEM と CFD を連成した手法である DEM–CFD 法について詳しく述べた．DEM–CFD 法では，局所体積平均法にもとづくナビエ–ストークス方程式を使用する．局所体積平均法を使用するため，格子サイズは固体粒子の粒子径に比べて十分に大きく設定する必要がある．その際，抗力の評価には経験式を使用する．DEM–CFD 法は，大規模体系の固体–流体連成問題において粉体のマクロ挙動を評価するための手法であるといえる．本書では，DEM–CFD 法の応用事例として流動層の数値解析を示した．

文　　献

[1] Y. Tsuji, T. Kawaguchi, T. Tanaka, "Discrete particle simulation of two-dimensional fluidized bed," Powder Technol. **77** (1993) 79–87.
[2] B. H. Xu, A. B. Yu, "Numerical simulation of the gas–solid flow in a fluidized bed by combining discrete particle method with computational fluid dynamics," Chem. Eng. Sci. **52** (1997) 2785–2809.
[3] P. A. Cundall, O. D. L. Strack, "A discrete numerical model for granular assemblies," Geotechnique **29** (1979) 47–65.
[4] S. Ergun, "Fluid flow through packed columns," Chem. Eng. Prog. **48** (1952) 89–94.
[5] C. Y. Wen, Y. H. Yu, "Mechanics of fludization," Chem. Eng. Prog. Sym. Ser. **62** (1966) 100–111.
[6] R. Di Felice, "The voidage function for fluid-particle interaction systems," Int. J. Multiphase Flow **20** (1999) 153–159.

[7] 堀尾正靱, 森 滋勝, 流動層ハンドブック, 培風館 (1999).
[8] W. Du, X. Bao, J. Xu, W. Wei, "Computational fluid dynamics (CFD) modeling of spouted bed: Assessment of drag coefficient correlations," Chem. Eng. Sci. **61** (2006) 1401–1420.
[9] T. B. Anderson, R. Jackson, "Fluid mechanical description of fluidized beds. Equations of motion," Ind. Eng. Chem. Fundamentals **6** (1967) 527–539.
[10] D. Geldart, "Types of gas fluidisation," Powder Technol. **7** (1973) 285–292.
[11] K. S. Lim, P. K. Agarwal, B. K. O'Neill, "Measurement and modelling of bubble parameters in a two-dimensional gas-fluidized bed using image analysis," Powder Technol. **60** (1990) 159–171.
[12] R. F. Mudde , H. B. M. Schulte , H. E. A. van den Akker, "Analysis of a bubbling 2-D gas-fluidized bed using image processing," Powder Technol. **81** (1994) 149–159.
[13] M. Ye, M. A. van der Hoef, J. A. M. Kuipers, "The effects of particle and gas porperties on the fluidization of Geldart A particles," Chem. Eng. Sci. **60** (2005) 4567–4580.
[14] M. Ye. M. A. van der Hoef, J. A. M. Kuipers, "Numerical study of fluidization behavior of Geldart A particles using a discrete particle model," Powder Technol. **139** (2004) 129–239.
[15] 粉体工学会, 粉体の基礎物性, 日刊工業新聞社 (2005).

7 固液二相流の数値解析

7.1 はじめに

　本章では，自由液面を伴う固液二相流の数値解析手法について説明する．自由液面を伴う固液二相流の数値解法には，オイラー–ラグランジュ法 (Eulerian-Lagrangian method) とラグランジュ–ラグランジュ法 (Lagrangian-Lagrangian method) がある．オイラー–ラグランジュ法では，固気混相流と同様に，固相および液相に DEM および格子法ベースの数値流体力学を用いる．ラグランジュ–ラグランジュ法は，固相および液相に，それぞれ，DEM および粒子法を用いる．局所体積平均法にもとづくラグランジュ–ラグランジュ法による固液二相流解析手法は，近年，筆者らによって開発され，DEM–MPS 法[1]と名付けられた．本章では，DEM–MPS 法について詳しく述べる．DEM–MPS 法を説明する前に，MPS 法の内容を簡単に説明し，固液二相流の基礎式，DEM–MPS 法のアルゴリズム，計算例について示す．

7.2 MPS 法

　DEM–MPS 法では，液相の計算において MPS (Moving Particle Semi-implicit) 法[2]を使用する．MPS 法については，開発者の越塚誠一教授が執筆

された良書[3,4]が出版されているので，詳細についてはそれを参照されたい．ここでは，MPS法の概要を説明する．

MPS法は，ラグランジュ的手法であり，微分演算子に対応する粒子間相互作用モデルを用いて連続体の支配方程式を離散化するものである．ラグランジュ的手法は，流体粒子を計算することから粒子法ともよばれる．MPS法は，格子を用いるオイラー的手法とは異なり，流体粒子の挙動を計算する．一般的なオイラー的手法は，いったん計算格子を生成すると，計算中の計算格子の隣接関係はずっと変化しない．他方，ラグランジュ的手法は，オイラー的手法とは異なり，計算点 (オイラー的手法でいうところの計算格子) の隣接関係が計算実行中に同じではない．これがラグランジュ的手法では基本的な課題である．このような計算実行中に変化する計算点の隣接関係をどのような方針で離散化するのかということを考える．MPS法では，勾配およびラプラシアンの微分演算子 (differential operator) に対して，それぞれ，粒子間相互作用モデルが用意されている．

7.2.1 重み関数

微分演算子に粒子間相互作用モデルを導入するにあたり，MPS法では，重み関数 (weight function) w を使用する．w は流体粒子間距離 r に依存する．最もよく用いられる w は，

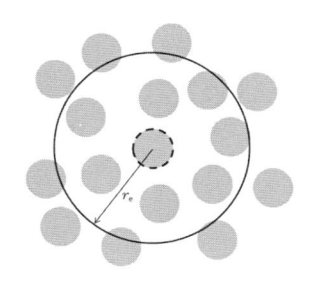

図 7.1 流体粒子と影響半径

$$w(r) = \begin{cases} \dfrac{r_\mathrm{e}}{r} - 1 & (r < r_\mathrm{e}) \\ 0 & (r \geq r_\mathrm{e}) \end{cases} \tag{7.1}$$

である．これは，流体粒子 i は r_e 内に存在するほかの流体粒子と相互作用することを意味する．なお，r_e は影響半径 (effective radius) とよばれる (図 7.1)．r_e の設定値は，2 次元と 3 次元の場合で異なり，それぞれ，3.1 および 2.1 が使われる．r_e はその領域に含まれる粒子数で決められることが多い．

7.2.2 粒子数密度

MPS 法では，粒子数密度 n_i を用いて非圧縮性流体を評価する．影響範囲内の n_i が，計算中に初期の値から変化がなければ，質量が保存されるため，流体を非圧縮とみなすことができる．n_i は，粒子 i の位置における重み関数の和をとり，

$$n_i = \sum_{j \neq i} w(|\boldsymbol{r}_j - \boldsymbol{r}_i|) \tag{7.2}$$

のように表される．式 (7.2) において，$\boldsymbol{r}_i$ および $\boldsymbol{r}_j$ は，流体粒子 i およびその近傍の流体粒子 j の位置ベクトルを意味する．

7.2.3 勾配モデル

勾配はスカラー変数に作用してベクトルが得られる演算子である．MPS 法では，流体粒子 i の位置における勾配ベクトルに対して

$$\langle \nabla \phi \rangle_i = \frac{D}{n^0} \sum_{j \neq i} \left[\frac{\phi_j - \phi_i}{|\boldsymbol{r}_j - \boldsymbol{r}_i|^2} (\boldsymbol{r}_j - \boldsymbol{r}_i) w(|\boldsymbol{r}_j - \boldsymbol{r}_i|) \right] \tag{7.3}$$

のように与えられる．ここで，ϕ および D は，それぞれ，スカラー変数および次元数 (2 次元では 2, 3 次元のときは 3) である．n^0 は粒子数密度 n_i の初期値を意味する．式 (7.3) では，重みつき平均の正規化のために粒子数密度で除する必要がある．MPS 法では流体の非圧縮性を「粒子数密度が常に一定である」(初期値と変化しない) としており，さらに計算が単純化されることから，式 (7.3) において n_i を用いるのではなく，n^0 を用いることが多い．勾配モデルは，粒

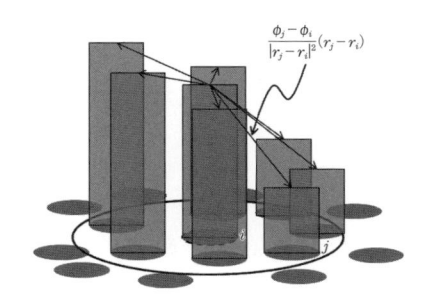

図 **7.2** MPS 法における勾配モデル

子 i と近傍粒子間のスカラー変数値の勾配 (ベクトル) の重みつき平均を意味し，図 7.2 のように示される．

7.2.4 ラプラシアンモデル

MPS 法では，ラプラシアン (Laplacian) モデルは

$$\langle \nabla^2 \phi \rangle_i = \frac{2D}{\lambda n^0} \sum_{j \neq i} [(\phi_j - \phi_i) w(|\boldsymbol{r}_j - \boldsymbol{r}_i|)] \tag{7.4}$$

のように与えられる．これは，流体粒子 i の変数値の一部を近傍粒子 j に重み関数の分布で分配することを意味する (図 7.3)．式 (7.4) 中の λ は，統計的な分散の増加を解析解と一致させるために導入されたものであり，

$$\lambda = \frac{\sum\limits_{j \neq i} |\boldsymbol{r}_j - \boldsymbol{r}_i|^2 w(|\boldsymbol{r}_j - \boldsymbol{r}_i|)}{\sum\limits_{j \neq i} w(|\boldsymbol{r}_j - \boldsymbol{r}_i|)} \tag{7.5}$$

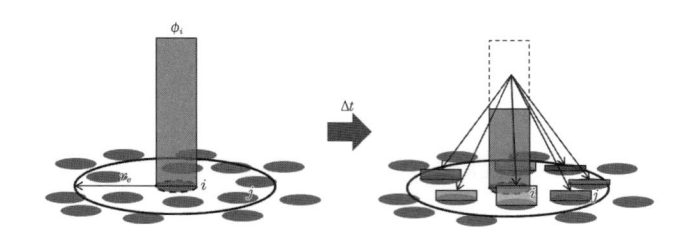

図 **7.3** MPS 法における発散モデル

のように与えられる．

7.2.5 MPS法の応用例

前述のように，MPS法は格子を使用しないのが特徴である．格子を使用しないため，格子法では比較的困難であった，自由界面の追跡，流体の分裂などを容易に計算することができる．MPS法は，過去の研究において，液滴衝突現象[5,6]，波の伝播[7]，などの数値解析がなされている．最近では，自由液面を伴う高粘性流体の数値解析手法[8]も開発されている．さらに，陽的なアルゴリズムを用いた高速な解法[9,10]も提案されている．また，固体–流体連成問題の数値解析をオイラー的手法に比べて容易に実行できるため，流体–剛体連成解析[11,12]が活発に行われている．また，MPS法は圧力振動が生じることが知られており，それを解決する研究[13–15]もなされている．

7.3 固液二相流の基礎式

7.3.1 固 相

固液二相流において，粉体粒子の挙動は，固気二相流と同様に抗力，接触力および重力を考慮するとともに，液相で顕著になる相互作用力を新たに導入する必要がある．新たに導入する相互作用力は，仮想質量力 (virtual mass force)，潤滑力 (lubrication force)，などを意味する．本節では，粉体粒子に作用する力として，抗力，接触力，重力，仮想質量力および潤滑力を考慮する．

$$m_s \boldsymbol{a}_s = \boldsymbol{F}_\mathrm{f} - V_s \nabla p + \sum \boldsymbol{F}_\mathrm{C} + \boldsymbol{F}_\mathrm{g} + \boldsymbol{F}_\mathrm{vm} + \boldsymbol{F}_l \tag{7.6}$$

ここで，$\boldsymbol{F}_\mathrm{f}$，$\boldsymbol{F}_\mathrm{C}$，$\boldsymbol{F}_\mathrm{vm}$，$\boldsymbol{F}_\mathrm{g}$，$\boldsymbol{F}_l$，$p$ および V_s は，それぞれ，抗力，接触力，仮想質量力，重力，潤滑力，圧力および固体粒子の体積である．

$$\boldsymbol{\alpha}_s = \frac{\boldsymbol{T}}{I} \tag{7.7}$$

ここで，$\boldsymbol{\alpha}_s$，I および $\boldsymbol{T}$ は，角加速度，慣性モーメントおよびトルクである．

まず，接触力について説明する．DEMにおいて固体粒子に作用する接触力は，2章と同様に，法線方向および接線方向成分を記述することができる．接

触圧力の法線方向成分は,

$$\bm{F}_{\mathrm{C_n}} = -k\bm{\delta}_\mathrm{n} - \eta \bm{v}_{\mathrm{s_n}} \tag{7.8}$$

のように与えられる．ここで，k, $\bm{\delta}$, η および $\bm{v}_\mathrm{s}$ は，ばね定数，変位，粘性減衰係数および固体粒子速度である．η は，

$$\eta = -2\ln e \left(\sqrt{\frac{km_\mathrm{s}}{\ln^2 e + \pi^2}} \right) \tag{7.9}$$

のように与えられる．ここで，e および m_s は反発係数と固体粒子の質量である．接触力の接線方向成分は，

$$\bm{F}_{\mathrm{C_t}} = \begin{cases} -k\bm{\delta}_\mathrm{t} - \eta \bm{v}_{\mathrm{s_t}} & (|\bm{F}_{\mathrm{C_t}}| < \mu |\bm{F}_{\mathrm{C_n}}|) \\ -\mu |\bm{F}_\mathrm{n}| \bm{v}_{\mathrm{s_t}}/|\bm{v}_{\mathrm{s_t}}| & (|\bm{F}_{\mathrm{C_t}}| \geq \mu |\bm{F}_{\mathrm{C_n}}|) \end{cases} \tag{7.10}$$

のように与えられる．ここで，μ は摩擦係数である．下添字の t は接線方向を意味する．流体力は，

$$\bm{F}_\mathrm{f} = \frac{\beta}{1-\varepsilon} (\bm{u}_\mathrm{f} - \bm{v}_\mathrm{s}) V_\mathrm{s} \tag{7.11}$$

のように表される．ここで，ε, $\bm{u}_\mathrm{f}$ および β は，それぞれ，流体の体積分率，流体速度および運動量交換係数である．

6 章で示したように運動量交換係数 β は，Ergun の式[16]と Wen-Yu の式[17]を組み合わせた関係式 (以下，Ergun & Wen-Yu の式と記す) や Di Felice の式[18]が広く使われる．Ergun & Wen-Yu の式を組み合わせた関係式の使用実績が高いので，ここでも，本関係式を用いて説明する．Ergun & Wen-Yu の式にもとづく運動量交換係数 β は，

$$\beta = \begin{cases} 150\dfrac{(1-\varepsilon)^2}{\varepsilon}\dfrac{\mu_\mathrm{f}}{d_\mathrm{s}^2} + 1.75(1-\varepsilon)\dfrac{\rho_\mathrm{f}}{d_\mathrm{f}} |\bm{u}_\mathrm{f} - \bm{v}_\mathrm{s}| & (\varepsilon \leq 0.8) \\ \dfrac{3}{4}C_\mathrm{d} \dfrac{\varepsilon(1-\varepsilon)}{d_\mathrm{s}} \rho_\mathrm{f} |\bm{u}_\mathrm{f} - \bm{v}_\mathrm{s}| \varepsilon^{-2.65} & (\varepsilon > 0.8) \end{cases} \tag{7.12}$$

のように与えられる．ここで，μ_f, d_s および C_d は，それぞれ，粘度，固体粒子の直径および流体抵抗係数である．C_d は，粒子レイノルズ数 (Re_s) に依存する．C_d は

$$C_\mathrm{d} = \begin{cases} \dfrac{24}{Re_\mathrm{s}} (1 + 0.15 Re_\mathrm{s}^{0.687}) & (Re_\mathrm{s} \leq 1000) \\ 0.44 & (Re_\mathrm{s} > 1000) \end{cases} \tag{7.13}$$

のように与えられる．ここで，Re_s は

$$Re_s = \frac{|\boldsymbol{u}_f - \boldsymbol{v}_s|\varepsilon\rho_f d_s}{\mu_f} \tag{7.14}$$

のように与えられる．

潤滑力[19]は，粒子どうしの間に作用する長距離力 (long range force) であり，

$$\boldsymbol{F}_l = \frac{3\pi\mu_f d_s{}^2(\boldsymbol{v}_{s_j} - \boldsymbol{v}_{s_i})}{8(|\boldsymbol{r}_j - \boldsymbol{r}_i| - d_s)} \tag{7.15}$$

のように表される．潤滑力は，たとえば，2 つの固体粒子が近づくとき，固体粒子間の流体を排除する際の相互作用力である．

流体中を物体が運動するとき，それに伴って物体周囲の流体が動かされる．そのため，物体の質量が見かけ上増加する．この見かけの質量は物体の形状によって異なり，排除する流体の質量に比例する．これを固体粒子の運動に考慮する (仮想質量力とよばれる)．球体の固体粒子に作用する仮想質量力[19]は，

$$\boldsymbol{F}_{vm} = \frac{1}{2}\rho_f V_p \left(\frac{D\boldsymbol{u}_f}{Dt} - \frac{d\boldsymbol{v}_s}{dt}\right) \tag{7.16}$$

のように表される．なお，物体形状を球体とした．

7.3.2 液　　相

液相について，局所体積平均による記述を用いると，連続の式とナビエ–ストークス方程式は，それぞれ，

$$\frac{D\hat{\rho}_f}{Dt} + \hat{\rho}_f \nabla \cdot \boldsymbol{u}_f = 0 \tag{7.17}$$

$$\hat{\rho}_f \frac{D\boldsymbol{u}_f}{Dt} = -\varepsilon\nabla p - \boldsymbol{f}_{drag} + \varepsilon\nabla \cdot \boldsymbol{\tau}_f + \hat{\rho}_f \boldsymbol{g} \tag{7.18}$$

$$\hat{\rho}_f = \varepsilon\rho_f \tag{7.19}$$

のように表される．ここで，ρ_f，$\boldsymbol{\tau}_f$，$\boldsymbol{f}_{drag}$ および $\boldsymbol{g}$ は，流体密度，粘性応力テンソル，液相–固相間の運動量交換項および重力加速度である．式 (7.19) の右辺第 1 項は，圧力勾配項，第 3 項は粘性項，第 4 項は重力項である．

7.3.3 DEM–MPS 法

DEM–MPS 法について深く理解するために，前節の MPS 法の内容で述べたことも繰り返し説明する．

格子法では隣接格子は計算中不変であり，圧力項の勾配 (gradient) および粘性項のラプラシアン (Lapracian) の計算には隣接格子を用いるため，問題なく計算することができた．ところが，粒子法では，隣接粒子が時々刻々と変化するため，格子法と同じ手順で圧力項および粘性項を計算することができない．そこで，MPS 法では，重み関数を用いて圧力項および粘性項の微分演算子を計算する．DEM–MPS 法の重み関数は，MPS 法のもの [式 (7.1)] と同じであり，

$$w(r) = \begin{cases} \dfrac{r_e}{r} - 1 & (r < r_e) \\ 0 & (r \geq r_e) \end{cases} \tag{7.20}$$

のように与えられる．前節で述べたように，r_e は影響半径である．DEM–MPS 法においても MPS 法と同様に，r_e は初期粒子間距離の 2.1～3.1 倍程度の大きさに設定する．

DEM–MPS 法における流体粒子の数密度は，MPS 法と同様に，

$$n_i = \sum_{j \neq i} w(|\boldsymbol{r}_j - \boldsymbol{r}_i|) \tag{7.21}$$

のように与えられる．ここで，$\boldsymbol{r}$ は流体粒子の位置ベクトルである．MPS 法の場合，単相の非圧縮性流体を扱ったので，流体粒子数密度 n_i は，

$$n_i = n^0 \tag{7.22}$$

のようにする必要があった．ところが，局所体積平均法にもとづく固液二相流の非圧縮性流体では，固体粒子が流体粒子を押しのける効果 (exclude volume effect) を粒子数密度に考慮する必要がある．流体粒子の数密度は，流体の体積分率と単相における流体粒子の数密度の積であることから，

$$\hat{n}_i = \varepsilon n^0 = \hat{n}^0 \tag{7.23}$$

7.3 固液二相流の基礎式 145

(a) 固体粒子と流体を入れた場合

(b) 固体粒子を可視化しない場合

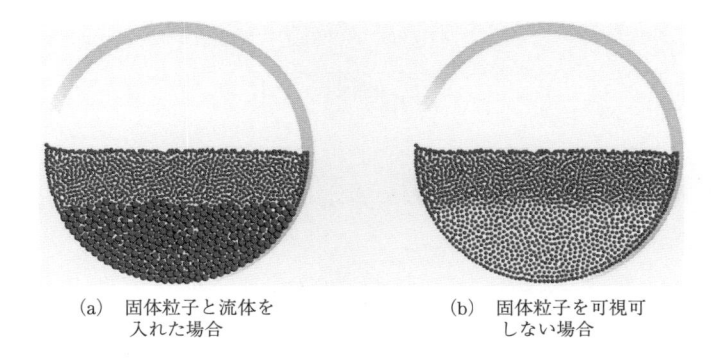

図 7.4　DEM–MPS 法における粒子数密度

のようにならなければならない．これは，図 7.4a のように円筒容器内に固体粒子と流体を同時に入れたとき，故意に固体粒子を可視化しない場合に図 7.4b のようになることを意味する．このように，固体粒子が流体粒子を押しのける効果を導入する必要がある．

DEM–MPS 法の圧力勾配の計算方法は，MPS 法のもの [式 (7.3)] とほとんど同じであるが，DEM–MPS 法では，式 (7.23) に示したように，重みつき平均の正規化のために除する流体粒子密度が $\hat{n}^0$ となる．したがって，DEM–MPS 法における圧力勾配項は，

$$\langle \nabla p \rangle_i = \frac{D}{\hat{n}^0} \sum_{j \neq i} \left[\frac{p_j - p_i}{|\boldsymbol{r}_j - \boldsymbol{r}_i|^2} (\boldsymbol{r}_j - \boldsymbol{r}_i) w(|\boldsymbol{r}_j - \boldsymbol{r}_i|) \right] \quad (7.24)$$

のように与えられる．MPS 法の勾配モデルとの違いは，固液二相流では流体粒子数が εn^0 となるため，分母を MPS 法で用いた n_0 から $\hat{n}_0$ に変更する必要があることである．

DEM–MPS 法の粘性項は，MPS 法のもの [式 (7.4)] とほとんど同じであるが，勾配モデルと同様に，重みつき平均の正規化のために除する流体粒子密度が $\hat{n}^0$ のため，

$$\langle \nabla^2 \boldsymbol{u} \rangle_i = \frac{2D}{\lambda \hat{n}^0} \sum_{j \neq i} [(\boldsymbol{u}_j - \boldsymbol{u}_i) w(|\boldsymbol{r}_j - \boldsymbol{r}_i|)] \quad (7.25)$$

のように与えられる．式 (7.25) 中の λ は，MPS 法と同様に，

$$\lambda = \frac{\sum_{j \neq i} |\bm{r}_j - \bm{r}_i|^2 \, w(|\bm{r}_j - \bm{r}_i|)}{\sum_{j \neq i} w(|\bm{r}_j - \bm{r}_i|)} \tag{7.26}$$

のように与えられる.

液相と固相間の運動量交換項である $\bm{f}_{\mathrm{drag}}$ は，ニュートンの第3法則の作用–反作用の法則にもとづいて，

$$\bm{f}_{\mathrm{drag}} = \frac{\sum_{i=1}^{N_{r_e}} \bm{F}_{\mathrm{f}i}}{V_e} \tag{7.27}$$

のように表される．ここで，V_e および N_{r_e} は，それぞれ，影響半径 r_e にもとづく体積およびその領域に存在する固体粒子数である．これにより，固相および液相間において運動量が保存される．なお，固体粒子と流体粒子の相対速度は，

$$\bm{u}_{\mathrm{f}} - \bm{v}_{\mathrm{s}_i} = \frac{\sum_j (\bm{u}_{\mathrm{f}j} - \bm{v}_{\mathrm{s}_i}) \, w(|\bm{r}_{\mathrm{f}j} - \bm{r}_{\mathrm{s}_i}|)}{\sum_j (w(|\bm{r}_{\mathrm{f}j} - \bm{r}_{\mathrm{s}_i}|)} \tag{7.28}$$

のように表される.

7.4 アルゴリズム

DEM–MPS 法のアルゴリズムは，MPS 法とほとんど同じである．すなわち，フラクショナルステップ法により半陰解法で計算する．ただし，流体の非圧縮性の取り扱いが DEM–MPS 法にユニークになる．前述したように，固体粒子が流体粒子を押しのける効果を導入する必要がある．DEM–MPS 法のアルゴリズムを以下に説明する.

液相の運動方程式であるナビエ–ストークス方程式 (7.18) を離散化すると，

$$\bm{u}_{\mathrm{f}}^* = \bm{u}_{\mathrm{f}}^n + \left(-\frac{1}{\hat{\rho}_{\mathrm{f}}} \bm{f}_{\mathrm{drag}}^n + \frac{1}{\rho_{\mathrm{f}}} \nabla \cdot \bm{\tau}_{\mathrm{f}}^n + \bm{g} \right) \Delta t \tag{7.29}$$

$$\bm{u}_{\mathrm{f}}^{n+1} = \bm{u}_{\mathrm{f}}^* - \frac{\Delta t}{\rho_{\mathrm{f}}} \nabla p^{n+1} \tag{7.30}$$

のように表される．式 (7.29) において，中間速度 (auxiliary velocity) $\bm{u}_{\mathrm{f}}^*$ の算定には，現在の時間ステップ (上付き添字 n) においてすでに得られている固体

粒子および流体粒子の速度を代入する．式 (7.30) には，2 段階の計算において，圧力が得られた際の速度の修正に使用される．

DEM–MPS 法における流体解析について，これまでと同様に，フラクショナルステップ法を用いて説明しよう．

中間速度 $\bm{u}_\mathrm{f}^*$ が式 (7.29) で与えられるため，流体粒子の中間位置 $\bm{r}^*$ は

$$\bm{r}_\mathrm{f}^* = \bm{r}_\mathrm{f}^n + \bm{u}_\mathrm{f}^* \Delta t \tag{7.31}$$

のようになる．更新後 ($n+1$ ステップ) の速度は中間速度である式 (7.30) を用いて，

$$\bm{u}_\mathrm{f}^{n+1} = \bm{u}_\mathrm{f}^* - \frac{\Delta t}{\rho_\mathrm{f}} \nabla p^{n+1} \tag{7.32}$$

のように与えられる．圧力のポアソン方程式は

$$\nabla^2 p^{n+1} = -\frac{\rho_\mathrm{f}}{\Delta t^2} \frac{\hat{n}^0 - \hat{n}^*}{\hat{n}^*} \tag{7.33}$$

のように与えられる．なお，中間粒子数密度 $\hat{n}^*$ は中間位置の流体粒子の情報にもとづいて求めればよい．

修正速度 $\bm{u}_\mathrm{f}'$ は，

$$\bm{u}_\mathrm{f}' = \bm{u}_\mathrm{f}^{n+1} - \bm{u}_\mathrm{f}^* = -\frac{\Delta t}{\rho_\mathrm{f}} \nabla p^{n+1} \tag{7.34}$$

のように与えられる．

修正速度 (7.34) を使用して，流体粒子の中間速度および中間位置を更新すると，$n+1$ ステップにおける流体粒子の速度および位置は

$$\bm{u}_\mathrm{f}^{n+1} = \bm{u}_\mathrm{f}^* + \bm{u}_\mathrm{f}' \tag{7.35}$$

$$\bm{r}_\mathrm{f}^{n+1} = \bm{r}_\mathrm{f}^* + \bm{u}_\mathrm{f}' \Delta t \tag{7.36}$$

のように与えられる．

修正された位置における粒子 i の粒子数密度は，

$$\hat{n}^{n+1} = \hat{n}^* + n' = \hat{n}^0 \tag{7.37}$$

のように与えられることになり，更新後の流体数密度は $\hat{n}_0$ になることがわかる．すなわち，DEM–MPS 法においても流相を非圧縮性流体として模擬することができる．

7.5 DEM–MPS法を用いた数値解析例

固液二相流の数値解析手法の工学的応用は，湿式粉砕，ミキシング，スラリー搬送，土石流をはじめ，かなり広い範囲が考えられる．DEM–MPS法もこれらの体系に応用できるであろう．ここでは，筆者らが行った回転円筒容器内の自由液面を伴う固液二相流解析[1]を例にその妥当性を確認してみよう．

7.5.1 解析条件

円筒容器内の自由液面を伴う固液二相流について，2次元体系の数値解析を行った．円筒容器の直径は100 mmである．固体粒子の直径および粒子密度は，それぞれ，2.7 mm および 2500 kg/m^3 とした．ばね定数，反発係数および摩擦係数は，それぞれ，1000 N/m, 0.8 および 0.3 で設定した．流体の密度および粘性率は，それぞれ，1000 kg/m^3 および 1.0×10^3 Pa·s で設定した．なお，DEM–MPS法においても，DEM–CFD法と同様に軟らかいばねを使用してもエンジニアリング上問題とならないことが確認されている．

DEM–MPS法の数値解析の初期条件の生成にあたり，円筒容器内で流体粒子と固体粒子を落下させ，固体粒子と液体粒子が静止したと見なせる状態になったときそれを初期条件とした．なお，流体の初期粒子間距離を1.5 mmとした．

計算対象となる固体粒子数を200に設定した．計算粒子数については，後述の検証実験と数値解析において粉体層の高さが一致するように決定した．容器を102 rpmで回転させ，固体粒子の挙動を評価した．

7.5.2 実験条件

DEM–MPS法の妥当性を検証するための実験を行った．実験装置は，ガラス製の円筒容器および回転架台より構成される．直径および高さが100 mm×100 mmのガラス製の円筒容器を使用した．平均粒径が2.7 mmのガラスビーズを使用した．水位が50 mmになるように水を注入した．粉体層の高さが22 mmになるように設定した．容器を102 rpmで回転させ，固体粒子の挙動を評価した．

7.5.3 結果および考察

図 7.5 に円筒容器を 102 rpm で回転させた際の準定常状態における解析結果を示す．側面から観察した粉体層の斜面形状は折線 (bi-linear) で，粉体層上側の安息角は 43° であった．粉体層の高さおよび幅は，55 mm および 71 mm であった．空間を水平および垂直方向に 20×20 分割して粉体層の流れ場を評価したところ，粉体層は循環していた．

図 7.6 に準定常状態における実験結果を示す．粉体層の斜面形状は折線で，粉体層上側の安息角は 39° であった．粉体層の高さおよび幅は，51 mm および 69 mm であった．粉体層の循環も観察された．

解析結果と実験結果を比較した．粉体層の斜面形状は，解析および実験ともに折線であった．安息角，粉体層の高さおよび幅について定量的な比較を行ったところ，実験結果に対する解析結果の誤差は，それぞれ，10%，7.2% および 2.8% であり，両者はよく一致した．以上のように，数%の誤差が見られたが，解析結果と実験結果がよく一致したことにより，DEM–MPS 法の妥当性が示された．なお，最近の著者らの研究によりこのような体系において，仮想質量力や潤滑力がほとんど影響しないことも示されている．さらに，DEM–CFD 法と同様に，ばね定数の設定に際して，実際のものよりも大きな値を使用できることも示されている．

図 7.5　数値解析結果

図 7.6　実　験　結　果

7.6 お わ り に

本章では，筆者らが開発したラグランジュ的手法による固液二相流解析手法のDEM–MPS法について紹介した．本手法はまだ開発されたばかりで歴史が浅いため計算事例は少ないが，今後様々な体系に応用されることが期待される．

文　　献

[1] 茂渡悠介，酒井幹夫，水谷 慎，青木拓也，斉藤拓巳，"自由液面を伴う固液混相流解析手法の開発"，混相流 **24** (2011) 681–688.
[2] S. Koshizuka, A. Nobe, Y. Oka, "Moving-particle semi-implicit method for fragmentation of incompressible fluid," Nucl. Sci. Eng. **123** (1996) 421–434.
[3] 越塚誠一，数値流体力学，培風館 (1997).
[4] 越塚誠一，粒子法，丸善 (2008).
[5] J. Xiong, S. Koshizula, M. Sakai, H. Ohshima, "Investigation on droplet impingement erosion during steam generator tube failure accident," Nucl. Eng. Des. (in press).
[6] J. Xiong, S. Koshizuka, M. Sakai, "Numerical Analysis of Droplet Impingement Using the Moving Particle Semi-implicit Method," J. Nucl. Sci. Technol. **47** (3) (2010) 314–321.
[7] K. Shibata, S. Koshizuka, M. Sakai, K. Tanizawa, "Transparent boundary condition for simulating nonlinear water waves by a particle method," Ocean Eng. **38** (2011) 1839–1848.
[8] X.S. Sun, M. Sakai, K. Shibata, Y. Tochigi, H. Fujiwara, "Numerical modeling on a discharged process of a glass melter by a Lagrangian approach," Nucl. Eng. Des. (in press).
[9] 大地雅俊，越塚誠一，酒井幹夫，"自由表面流れ解析のための MPS 陽的アルゴリズムの開発"，Trans. JSCES, Paper No. 20100013 (2010).
[10] 山田祥徳，酒井幹夫，水谷慎，越塚誠一，大地雅俊，室園浩司，"Explicit–MPS 法による三次元自由液面流れの数値解析"，日本原子力学会和文論文誌 **10** (3) (2011) 185–193.
[11] K. Shibata, S. Koshizuka, M. Sakai, K. Tanizawa, "Lagrangian simulations of ship-wave interactions in rough seas," Ocean Eng. (in press).
[12] 田中正幸，酒井幹夫，越塚誠一，"粒子ベース剛体シミュレーションと流体との連成"，Trans. JSCES, Paper No. 20070007 (2007).
[13] M. Tanaka, T. Masunaga, "Stabilization and smoothing of pressure in MPS method by Quasi-Compressibility Original Research Article, "Journal of Computational Physics, **229**, Issue 11, June (2010) 4279–4290
[14] A. Khayyer, H. Gotoh, "A 3D higher order Laplacian model for enhancement and stabilization of pressure calculation in 3D MPS-based simulations," Appl. Ocean Res. **37**, August (2012) 120–126.

[15] M. Kondo, S. Koshizuka, "Improvement of stability in moving particle semi-implicit method," Int. J. Num. Methods Fluids, **65**, Issue 6, February (2011) 638–654
[16] S. Ergun, "Fluid flow through packed columns," Chem. Eng. Prog. **48** (1952) 89–94.
[17] C. Y. Wen, Y. H. Yu, "Mechanics of fludization," Chem. Eng. Prog. Sym. Ser. **62** (1966) 100–111.
[18] R. Di Felice, "The voidage function for fluid-particle interaction systems," Int. J. Multiphase Flow **20** (1999) 153–159.
[19] C. Crowe, M. Sommerfeld, Y. Tsuji, "Multiphase flows with droplets and particles," Int. J. Multiphase Flow **20** (1999) 153–159.

8 直接計算法を用いた固体–流体連成問題の解法

8.1 はじめに

本章では,固体–流体連成問題の数値解析について,埋込境界法 (immersed boundary method) を用いた直接計算 (direct numerical simulation) 法により固体粒子に作用する流体力学的相互作用力 (hydrodynamic force) を求める手法を説明する.固体粒子に作用する流体力学的相互作用力は,6 章および 7 章で示した局所体積平均法ベースの数値解析のように経験式を用いるのではなく,数値解析により直接計算がなされる.埋込境界法を導入することにより,固体粒子に作用する流体力学的相互作用力について,抗力ばかりでなく,潤滑力,仮想質量力,などを自動的に計算することができる.埋込境界法はいくつか提案[1-5]されているが,これらのアルゴリズムはよく似ている.ここでは,大阪大学の梶島岳夫教授が提案された埋込境界法[1-3]を用いて,固体–流体連成問題の数値解析について説明する.

8.2 基礎式

まず,流体および固体粒子の運動を記述するための基礎式を示す.ここでは,流体を非圧縮性流れとし,固体粒子を剛体とする.

8.2.1 流体の運動

非圧縮性流体の基礎式は，連続の式とナビエ–ストークス方程式である．前述の通り，埋込境界法を使用する場合，流体力学的相互作用力を直接計算するため，局所体積平均法とは異なり，その計算に実験式を使用しない．したがって，流体の支配方程式は，連続の式とナビエ–ストークス方程式となり，両者をオイラー的記述で示すと，それぞれ，

$$\nabla \cdot \boldsymbol{u}_\mathrm{f} = 0 \tag{8.1}$$

$$\frac{\partial(\rho_\mathrm{f}\boldsymbol{u}_\mathrm{f})}{\partial t} + \nabla \cdot (\rho_\mathrm{f}\boldsymbol{u}_\mathrm{f}\boldsymbol{u}_\mathrm{f}) = -\nabla p + \mu_\mathrm{f}[\nabla \boldsymbol{u} + (\nabla \boldsymbol{u}_\mathrm{f})^\top] + \rho_\mathrm{f}\boldsymbol{g} \tag{8.2}$$

となる．ここで，$\boldsymbol{u}_\mathrm{f}$, ρ_f, p, μ_f および $\boldsymbol{g}$ は，それぞれ，流体の速度，密度，圧力，粘性係数および重力加速度である．

8.2.2 固体の運動

固体の運動方程式は，並進運動および回転運動について，

$$\frac{\mathrm{d}(m_\mathrm{s}\boldsymbol{v}_\mathrm{s})}{\mathrm{d}t} = -\int_{S_s} \boldsymbol{\tau} \cdot \boldsymbol{n}\,\mathrm{d}S + \boldsymbol{G}_\mathrm{s} \tag{8.3}$$

$$\frac{\mathrm{d}(\boldsymbol{I}_\mathrm{s} \cdot \boldsymbol{\omega}_\mathrm{s})}{\mathrm{d}t} = -\int_{S_p} \boldsymbol{r}_\mathrm{s} \times (\boldsymbol{\tau} \cdot \boldsymbol{n})\,\mathrm{d}S + \boldsymbol{N}_\mathrm{s} \tag{8.4}$$

のように与えられる．ここで，m_s, $\boldsymbol{v}_\mathrm{s}$, $\boldsymbol{\tau}$, $\boldsymbol{G}_\mathrm{s}$, $\boldsymbol{I}_\mathrm{s}$, $\boldsymbol{\omega}_\mathrm{s}$, $\boldsymbol{r}_\mathrm{s}$ および $\boldsymbol{N}_\mathrm{s}$ は，それぞれ，固体粒子の質量，速度，応力テンソル，外力，慣性テンソル，角速度，固体粒子の重心から接触点までの位置ベクトルおよび外モーメントである．$\boldsymbol{\tau}$ は

$$\boldsymbol{\tau} = -p\boldsymbol{I} + \mu_\mathrm{f}(\nabla \boldsymbol{u}_\mathrm{f} + \nabla \boldsymbol{u}_\mathrm{f}^\top) \tag{8.5}$$

で与えられる．固体粒子はその表面において流体から力を受けるため，面積分で表される．ここでは，固体粒子の形状を球形とする．その場合，$\boldsymbol{I}_\mathrm{s}$ は，

$$\boldsymbol{I}_\mathrm{s} = \frac{2}{5}r_\mathrm{s}^2 m_\mathrm{s}\boldsymbol{E} \tag{8.6}$$

のように与えられる．ここで，$\boldsymbol{E}$ は単位行列である．

流体力学的相互作用力以外の相互作用力は，式 (8.3) の G_s に反映される．たとえば，固体粒子に接触力 F_C および重力 F_g が作用する場合，G_s は，

$$G_s = F_C + F_g \tag{8.7}$$

のように表すことができる．

8.3 DEM–DNS 法

本節では，固体–流体連成問題について，埋込境界法を用いた直接計算法のアルゴリズムについて説明する．冒頭で述べたように，過去の研究において埋込境界法はいくつか提案されているが，ここでは，梶島教授が開発したものを用いて説明する．埋込境界法を用いた直接計算法と DEM を連成した手法は，DEM–DNS 法とよばれることが多いので，本書においてもそのようによぶこととする．

8.3.1 流体の運動

埋込境界法を用いた直接計算法は，通常，カーテシアン座標系において，流体解析の格子幅が全域にわたって等間隔に分割される．図 8.1 に示すように，流体解析の計算格子幅は，固体粒子の大きさよりも十分に小さくする必要がある．

まず，流体解析の計算格子における固体粒子の局所占有率 (local volume fraction of solid particle) α を計算する．格子の中に流体のみが存在する場合 $\alpha = 0.0$ となり，固体粒子のみが存在する場合は $\alpha = 1.0$ となる．当然ながら，流体と固体粒子の界面において，$0.0 < \alpha < 1.0$ となる．

埋込境界法では，α と流体速度および固体粒子速度を用いて，各流体解析格子における速度 (以下，合成速度と記す) を

$$U := (1-\alpha)u_f + \alpha V_s \tag{8.8}$$

のように定義する．V_s は固体粒子の速度を流体解析の格子に投影したときの速度であり，

$$V_s = v_s + r_s \times \omega_s \tag{8.9}$$

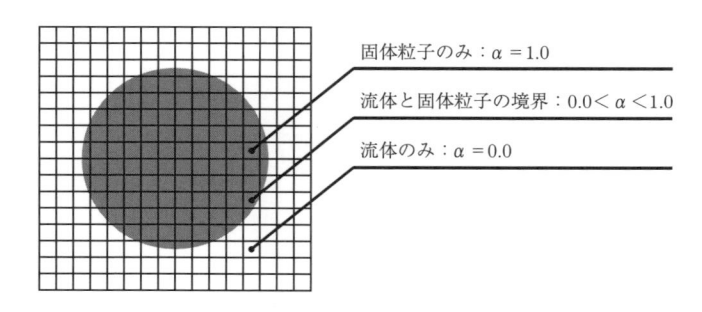

図 8.1 埋込境界法における体積占有率 α

のように表される．埋込境界法において，このような投影を行う理由は，流体解析のプロセスにおいて，固体粒子が存在する領域を流体として計算するためである．まず流体と同じ物性で構成されている固体粒子を計算するというイメージをもてばいい．

このようなモデル化を行うと，連続の式とナビエ–ストークス方程式はどのように表されるのであろうか？ 固体粒子表面において，滑りも透過もないとすると，合成速度 $\boldsymbol{U}$ においても連続の式が成り立つ．したがって，連続の式は，

$$\nabla \cdot \boldsymbol{U} = 0 \tag{8.10}$$

のように与えられる．運動方程式は，

$$\frac{\partial \boldsymbol{U}}{\partial t} = -\frac{1}{\rho_\mathrm{f}} \nabla p - \nabla \cdot \boldsymbol{U}\boldsymbol{U} + \nabla \cdot \boldsymbol{\tau} + \boldsymbol{g} + \boldsymbol{f}_\mathrm{I} \tag{8.11}$$

のように与えられる．

埋込境界法を導入した直接計算法のアルゴリズムをフラクショナルステップ法を用いて説明しよう．式 (8.10) および (8.11) を離散化すると，それぞれ，

$$\nabla \cdot \boldsymbol{U}^{n+1} = 0 \tag{8.12}$$

$$\frac{\boldsymbol{U}^{n+1} - \boldsymbol{U}^n}{\Delta t} = -\frac{1}{\rho_\mathrm{f}} \nabla p^{n+1} - \nabla \cdot \boldsymbol{U}^n \boldsymbol{U}^n + \nabla \cdot \boldsymbol{\tau}^n + \boldsymbol{g} + \boldsymbol{f}_\mathrm{I} \tag{8.13}$$

のように表される．$\boldsymbol{f}_\mathrm{I}$ は，

$$\boldsymbol{f}_\mathrm{I} = \frac{\alpha(\boldsymbol{V}_\mathrm{s} - \boldsymbol{U}^{**})}{\Delta t} \tag{8.14}$$

のように与えられる．f_I は U が導入されてはじめて現れるものであり，固体粒子が存在する領域を補正する効果がある．

まず，圧力項および f_I を考慮しないで，仮の速度 U^* を

$$U^* = U^n + \Delta t \left(-\nabla \cdot U^n U^n + \frac{1}{\rho_\mathrm{f}} \nabla \cdot \boldsymbol{\tau}^n + \boldsymbol{g} \right) \tag{8.15}$$

より得る．圧力は，非圧縮性流体と同様のアルゴリズムで計算することができ，

$$\nabla^2 p^{n+1} = \frac{\nabla \cdot U^*}{\Delta t} \tag{8.16}$$

で示されるポアソン方程式を計算すれば，求められる．圧力補正後の合成速度は，

$$U^{**} = U^* - \Delta t \nabla p^{n+1} \tag{8.17}$$

のように与えられる．最終的に，更新された合成速度は，

$$U^{n+1} = U^{**} + \Delta t f_\mathrm{I} \tag{8.18}$$

のようになる．f_I の導入には，ちょっと違和感があると感じてしまうかもしれないが，合成速度の補正として必要である．これは例示すると理解しやすい．流体解析の格子に流体のみが存在する場合，すなわち $\alpha = 0.0$ のとき，$U^{n+1} = U^{**} = u_\mathrm{f}^{n+1}$ となり，流体のみの解析結果と同じになることがわかる．流体解析の格子に固体粒子が重なっている場合，すなわち $\alpha = 1.0$ のとき，$U^{n+1} = U^{**} = V_\mathrm{s}^{n+1}$ となり，固体粒子が存在する領域において矛盾しない結果が得られることがわかる．このように，固体粒子が流体解析の格子と重なった領域は固体粒子の速度と一致することがわかる．固体粒子と流体の界面の領域は，α を用いて矛盾のないように補間する目的から式 (8.14) となったことが説明できる．

8.3.2 固体粒子の運動

流体解析に投影した合成速度については求めることができたが，固体粒子の運動はどのようにして求めることができるのか？固体粒子に作用する流体力学的相互作用力は式 (8.3) では面積分で書かれていた．固体粒子表面に作用する流体力学的相互作用力をそのまま計算しようとすると，たとえばアダプティブ

メッシュの導入といった煩雑な作業が必要になる．埋込境界法では，面積分を体積積分に変換することによって，このような煩雑な作業を行わないように工夫する．式 (8.3) における流体力学的相互作用力は，面積分を，

$$\frac{\mathrm{d}(m_\mathrm{s}\boldsymbol{v}_\mathrm{s})}{\mathrm{d}t} = -\int_{V_\mathrm{s}} \rho_\mathrm{f}\boldsymbol{f}_\mathrm{I}\,\mathrm{d}V + \boldsymbol{G}_\mathrm{s} \tag{8.19}$$

のように体積積分を用いて表される．前述のように，$\boldsymbol{G}_\mathrm{s}$ は，

$$\boldsymbol{G}_\mathrm{s} = \boldsymbol{F}_\mathrm{C} + \boldsymbol{F}_\mathrm{g} \tag{8.20}$$

のように表すことができる．

接触力 $\boldsymbol{F}_\mathrm{C}$ は，2章と同じ手順で DEM[6] を用いて計算できる．繰返しになるが，ここでも簡単に接触力のモデル化について述べよう．上述のように，$\boldsymbol{F}_\mathrm{C}$ は法線方向成分 $\boldsymbol{F}_{\mathrm{C}_\mathrm{n}}$ と接線方向成分 $\boldsymbol{F}_{\mathrm{C}_\mathrm{t}}$ に分けられる．$\boldsymbol{F}_{\mathrm{C}_\mathrm{n}}$ は，線形ばねを用いると，

$$\boldsymbol{F}_{\mathrm{C}_\mathrm{n}} = -k_\mathrm{n}\boldsymbol{\delta}_{\mathrm{n}_{ij}} - \eta_\mathrm{n}\boldsymbol{v}_{\mathrm{n}_{ij}} \tag{8.21}$$

のように与えられる．$\boldsymbol{\delta}_{\mathrm{n}_{ij}}$ および $\boldsymbol{v}_{\mathrm{n}_{ij}}$ は，固体粒子 i および j 間の変位および相対速度の法線方向成分である．単分散体系の場合，粘性減衰係数は，衝突の反復によるエネルギー減衰を想定し，反発係数 e と関連づけて，

$$\eta_\mathrm{n} = -2\ln e\sqrt{\frac{m_\mathrm{s}k_\mathrm{n}}{\pi^2 + (\ln e)^2}} \tag{8.22}$$

のように与えられる．

固体粒子表面において滑りがない場合，$\boldsymbol{F}_{\mathrm{C}_\mathrm{t}}$ は，線形ばねを用いると，

$$\boldsymbol{F}_{\mathrm{C}_\mathrm{t}} = -k_\mathrm{t}\boldsymbol{\delta}_{\mathrm{t}_{ij}} - \eta_\mathrm{t}\boldsymbol{v}_{\mathrm{t}_{ij}} \tag{8.23}$$

のように与えられる．変位ベクトルの接線方向成分は，

$$\boldsymbol{\delta}_\mathrm{t} = \int_{t_\mathrm{start}}^{t_\mathrm{end}} \boldsymbol{v}_\mathrm{t}\,\mathrm{d}t \tag{8.24}$$

のように与えられ，接線方向の変位は，固体粒子 i が固体粒子 j に接触した直後 (t_start) から離れる (t_end) までの間，相対速度の接線方向成分に時間刻みを掛け合わせて積算する．相対速度の接線方向成分は，

$$\boldsymbol{v}_\mathrm{t} = \boldsymbol{v}_{\mathrm{r}_{ij}} - (\boldsymbol{v}_{\mathrm{r}_{ij}} \cdot \boldsymbol{n}_{ij})\boldsymbol{n}_{ij} + (r_i\boldsymbol{\omega}_i + r_j\boldsymbol{\omega}_j) \times \boldsymbol{n}_{ij} \tag{8.25}$$

のように与えられる．固体粒子表面において滑りが生じる場合，すなわち，$|\boldsymbol{F}_{\mathrm{C_t}}| > \mu|\boldsymbol{F}_{\mathrm{C_n}}|$ となるとき，

$$\boldsymbol{F}_{\mathrm{C_t}} = -\mu|\boldsymbol{F}_{\mathrm{C_n}}|\boldsymbol{t}_{ij} \tag{8.26}$$

のように表される．ここで，$\boldsymbol{t}_{ij}$ および μ は，それぞれ，接線ベクトルおよび摩擦係数である．$\boldsymbol{t}_{ij}$ は，

$$\boldsymbol{t}_{ij} = \frac{\boldsymbol{v}_{\mathrm{t}_{ij}}}{|\boldsymbol{v}_{\mathrm{t}_{ij}}|} \tag{8.27}$$

のように与えられる．

回転運動も同様に，式 (8.4) において面積分を体積積分を用いて表すと，

$$\frac{\mathrm{d}(\boldsymbol{I}_{\mathrm{s}} \cdot \boldsymbol{\omega}_{\mathrm{s}})}{\mathrm{d}t} = -\int_{V_{\mathrm{s}}} \rho_{\mathrm{f}} \boldsymbol{r}_{\mathrm{s}} \times \boldsymbol{f}_{\mathrm{I}} \, \mathrm{d}V + \boldsymbol{N}_{\mathrm{s}} \tag{8.28}$$

のように与えられる．$\boldsymbol{N}_{\mathrm{s}}$ には，固体粒子の接触による効果が考慮されていないので，それが必要になる場合は，式 (2.40) と同様に，

$$\boldsymbol{N}_{\mathrm{s}} = \sum_j \boldsymbol{r}_i \times \boldsymbol{F}_{\mathrm{C_{t}}_{ij}} \tag{8.29}$$

とする．

あとはこれまでの固気二相流や固液二相流のアルゴリズムと同様に個々の固体粒子の挙動を求めればよい．前述のように，すべての固体粒子の接触力および外力が見積もられた後，各固体粒子に作用する力の総和 $\boldsymbol{F}_{\mathrm{total}}$ を用いて，その位置ベクトル，速度ベクトル，角速度ベクトルなどを更新していく．繰り返しになるが，2 章と同様に，並進運動および回転運動の固体粒子情報の更新について，スプリッティングスキームを用いて説明する．

並進運動について，時間ステップ n の固体粒子の情報を用いて，相互作用力を求め，

$$\boldsymbol{F}_{\mathrm{total}}^n = \boldsymbol{F}_{\mathrm{C}}^n + \boldsymbol{F}_{\mathrm{E}}^n \tag{8.30}$$

$$\boldsymbol{v}_{\mathrm{s}}^{n+1} = \boldsymbol{v}_{\mathrm{s}}^n + \frac{\boldsymbol{F}_{\mathrm{total}}^n}{m_{\mathrm{s}}}\Delta t \tag{8.31}$$

$$\boldsymbol{x}_{\mathrm{s}}^{n+1} = \boldsymbol{x}_{\mathrm{s}}^n + \boldsymbol{v}_{\mathrm{s}}^{n+1}\Delta t \tag{8.32}$$

のように固体粒子の情報を更新して，時間ステップ $n+1$ の固体粒子の位置および速度を得る．ここで，$\boldsymbol{F}_\mathrm{C}^n$ および $\boldsymbol{F}_\mathrm{E}^n$ は，それぞれ，固体粒子に作用する接触力および外力である．

回転運動について，時間ステップ n の固体粒子の情報を用いて，トルクを求め，

$$\boldsymbol{T}_\mathrm{s}^n = \boldsymbol{r} \times \boldsymbol{F}_{\mathrm{C}_\mathrm{t}}^n \tag{8.33}$$

$$\boldsymbol{\omega}_\mathrm{s}^{n+1} = \boldsymbol{\omega}_\mathrm{s}^n + \frac{\boldsymbol{T}_\mathrm{s}^n}{\boldsymbol{I}_\mathrm{s}} \Delta t \tag{8.34}$$

$$\boldsymbol{\theta}_\mathrm{s}^{n+1} = \boldsymbol{\theta}_\mathrm{s}^n + \boldsymbol{\omega}_\mathrm{s}^{n+1} \Delta t \tag{8.35}$$

のように固体粒子の情報を更新して，時間ステップ $n+1$ の固体粒子の角速度および回転角を得る．

8.4 数値実験

前述の DEM–DNS 法を用いた典型的な体系の数値実験について述べる．ここで述べる数値実験は，Drafting–Kissing–Tumbling（以下，DKT と記す）およびスラリー粘度評価の 2 種類である．

8.4.1 DKT

DKT は埋込境界法を用いた固体–流体連成問題の数値解析の応用として広く行われている[7, 8]．液体内に固体粒子を上下に垂直に並べて初期配置して落下させると，上側の固体粒子は下側のものよりも早く落下し，牽引され，接近し，周囲を通っていく様子が観察される（図 8.2）．このような現象は，これらの言葉を表す単語をそのまま使用して，**DKT**（Drafting–Kissing–Tumbling）とよばれる．水中において，2 個のガラスビーズを並べて落下させ，DEM–DNS 法により，DKT が模擬できることを示す．図 8.2 は DEM–DNS 法により得られた解析結果である．上側の固体粒子の方が下側のものよりも速く移動したため，DEM–DNS 法により DKT が模擬されていることがわかる．6 章で示した局所体積平均法を使用すると，2 つの固体粒子はその間隔をほとんど変えることなく落下してしまう．

図 8.2 Drafting–Kissing–Tumbling

DKT のように，物体まわりの流れ場を精度よく評価する必要がある場合は，埋込境界法を導入した直接計算法を用いた方がよい．他方，埋込境界法を導入した直接計算法を用いる場合，格子数が多くなるため計算負荷が著しく大きくなってしまう．

8.4.2 スラリー粘度

DEM–DNS 法をスラリー (slurry) の粘度評価[9]にも応用することができる．微粒子が溶媒内に含まれるスラリーの粘度評価を数値解析で行うことを考える．ここでは，粒子径が 1 μm の固体粒子が高粘性ニュートン流体に含まれるスラリーを対象とする．なお，粒子径が 1 μm 以下の固体粒子はコロイド (colloid) とよばれている．微粒子の挙動を模擬する場合，ブラウン運動 (Brownian motion) を考慮する必要があるため，式 (8.2) および式 (8.10) に揺動項を導入する必要がある．ブラウン運動は溶媒中の分子の熱運動 (thermal motion) に起因するものであり，これにより固体粒子がランダムに動く．また，このような微粒子の体系では，固体粒子間にはファンデルワールス力のような付着力が作用する．条件によっては，固体粒子間の反発力として，電気二重層力 (double layer force) や立体反発力 (steric force) が作用する．

ファンデルワールス力は，固体粒子–固体粒子間に作用する遠距離力であり，

$$\boldsymbol{F}_{\mathrm{vdw}} = \frac{H_{\mathrm{A}} d_{\mathrm{s}}^*}{24 h^2} \boldsymbol{n} \tag{8.36}$$

のように与えられる．ここで，d^*，H_{A} および h は，それぞれ，換算粒径，ハマカー定数および表面間距離である．なお，換算粒径 d_{s}^* は，

$$d_{\mathrm{s}}^* = \frac{d_{\mathrm{s}_i}\, d_{\mathrm{s}_j}}{d_{\mathrm{s}_i} + d_{\mathrm{s}_j}} \tag{8.37}$$

のように与えられる．

ここでは，高粘度の溶媒 (溶媒はニュートン流体) 中に，粒子径が $1.0\,\mu m$，密度 $8450\,\mathrm{kg/m^3}$ の固体粒子が分散している体系を考える．固体粒子間の相互作用力には，ファンデルワールス力および接触力が働くとした．ハマカー定数は $1.0 \times 10^{-20}\,\mathrm{J}$ とした．高粘度の溶媒の物性について，密度および粘度を，それぞれ，$2500\,\mathrm{kg/m^3}$ および $0.04\,\mathrm{Pa \cdot s}$ で設定した．また，雰囲気温度を $1400\,\mathrm{K}$ に設定した．このような高粘度の溶媒を使用することにより，凝集速度をかなり遅くさせることができるので，固体粒子の分散・凝集状態，すなわち凝集構造とスラリー粘度の関係，に着目した数値解析を実行することができる．ここでは固体粒子が分散している状態のスラリーの粘度評価を行う．

固体粒子の体積分率を 5%，10% および 20% に設定した．固体粒子を空間中にランダムに発生させ，スラリーの初期分散状態を作成した．分散状態について空間内に固体粒子が接触しないようにランダムに配置した．境界条件として，上下面にせん断速度を与えた．スラリー粘度を検証するため，せん断速度を変化させた．その際，せん断速度をずり速度が $10.0\,\mathrm{s^{-1}}$ から $200\,\mathrm{s^{-1}}$ になるように設定した．

数値解析結果から得られたスラリー粘度の妥当性を検証するために，スラリー粘度の実験式と比較した．代表的なスラリー粘度の実験式として，Dougherty–Krieger の式[10]，森–乙武の式[11] などが知られており，それぞれ，

$$\eta = \eta_0 \left(1 - \frac{\phi}{\phi_{\max}}\right)^{-[\eta]\phi_{\max}} \tag{8.38}$$

$$\eta = \eta_0 \left(1 + \frac{3}{\dfrac{1}{\phi} - \dfrac{1}{0.52}}\right) \tag{8.39}$$

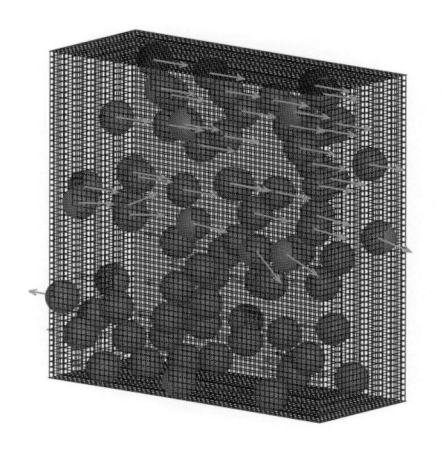

図 8.3　せん断場における固体粒子の挙動 (固体粒子の体積分率が 10%)

のように表される．ここで，η_0, ϕ, $[\eta]$ および ϕ_{max} は，それぞれ，溶媒の粘度，固相の体積分率，固有粘度 (intrinsic viscosity) および固相の体積分率の最大値である．

図 8.3 に固体粒子の体積分率が 10%における数値解析結果を示す．せん断場において，上側の固体粒子が右側に移動し，下側の固体粒子が左側に移動することが示された．図 8.4 にひずみ速度と応力の関係を示す．ひずみ速度の増加と

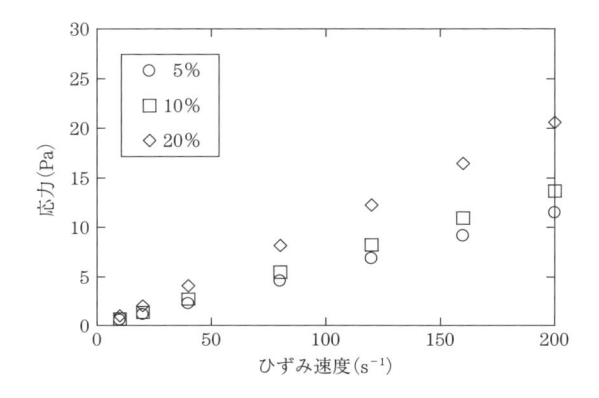

図 8.4　ひずみ速度と応力の関係

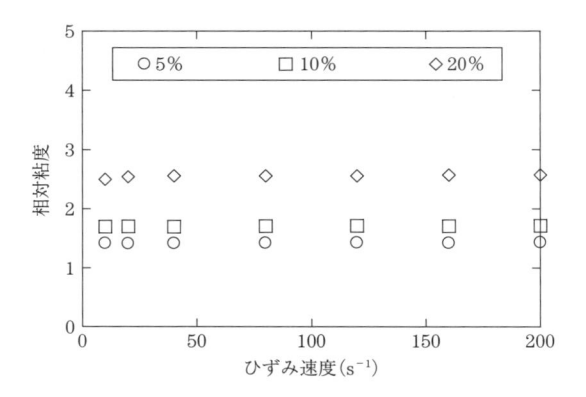

図 **8.5** 粘度のひずみ速度依存性

ともに，せん断応力が増加した．図 8.5 にひずみ速度と相対粘度の関係を示す．相対粘度はひずみ速度にほとんど依存しなかったため，コロイド粒子が分散した状態のスラリー粘度はニュートン流体であった．図 8.6 に空隙率と相対粘度の関係を示す．このような結果は実験[12,13]でも示されており，DEM–DNS 法による数値解析によりスラリー粘度を評価できることが示された．

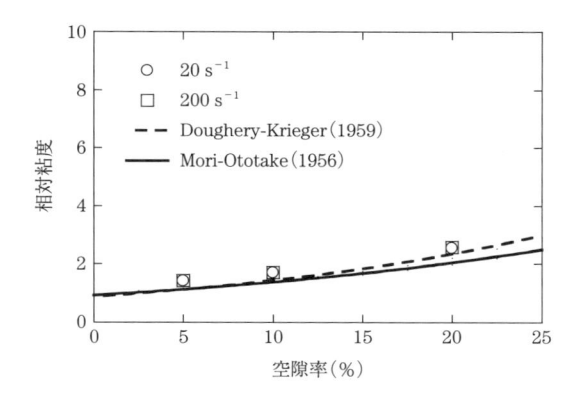

図 **8.6** 固相の空隙率と相対粘度の関係

8.5 お わ り に

本章では，固体–流体連成問題について，埋込境界法を用いたの直接計算法とDEMを連成した解析手法 (DEM–DNS法) について述べた．埋込境界法を用いた直接計算法については，いくつか提案されているが，本書では梶島教授のものを使用して説明した．DEM–DNS法では，物体まわりの流れを直接計算するため，前述の局所体積平均法にもとづく数値解析手法よりも固体粒子に作用する流体力学的相互作用力を精度よく評価することができる．そのため，DEM–DNS法により，DKTや微粒子が含まれるスラリーの粘度を模擬することができる．他方，DEM–DNS法は，流体解析の格子数が多くなってしまうため，計算負荷が大きくなり，大規模体系への応用が困難になる．流動層にも応用[14]されているが，固体粒子数が1024個であり，産業規模への応用は困難である．

文　献

[1] T. Kajishima, S. Takiguchi, H. Hamasaki, Y. Miyake, "Turbulence structure of particle-laden flow in a vertical plane channel due to vortex shedding," JSME Int. J. Series B **44** (2001) 526–535.

[2] T. Kajishima, S. Takiguchi, "Interaction between particle clusters and fluid turbulence," Int. J. Heat Fluid Flow **23** (2002) 639–646.

[3] S. Takeuchi, Y. Yuki, A. Ueyama, T. Kajishima, "A conservative momentum-exchange algorithm for interaction problem between fluid and deformable particles," Int. J. Numer. Meth. Fluids **64** (2010) 1084–1101.

[4] K. Luo, Z. Wang, J. Fan, "A modified immersed boundary method for simulations of fluid-particle interactions, " Comput. Methods Appl. Mech. Eng. **197** (2007) 36–46.

[5] D. Z. Noor, M-J. Chern, T-L. Horng, "An immersed boundary method to solve fluid-solid interaction problems," Comput. Mech. **44** (2009) 447–453.

[6] P. A. Cundall, O. D. L. Strack, "A discrete numerical model for granular assembles," Geotechnique **29** (1979) 47–65.

[7] Z. Wang, J. Fan, K. Luo, "Combined multi-direct forcing and immersed boundary method for simulating flows with moving particles," Int. J. Multiphase Flow **34** (2008) 283–302.

[8] S. V. Apte, M. Martin, N. A. Patankar, "A numerical method for fully resolved simulation (FRS) of rigid particle-flow interactions in complex flows," J. Comput. Phys. **228** (2009) 2712–2738.

[9] 酒井幹夫, 山田祥徳, 飯島志行, 藤原寛明, 栃木善克, 大竹弘平, 越智英治, 越塚誠一, "DEM–DNS 法を用いた高粘性スラリーの粘度評価", 化学工学会講演論文集, 東京.
[10] I. M. Krieger, T. J. Dougherty, "A mechanism for non-Newtonian flow in suspensions of rigid spheres," Trans. Soc. Rheol. **3** (1959) 137–148.
[11] 森 芳郎, 乙竹 直, "懸濁液の粘度について", 化学工学 **20** (1956) 488–494.
[12] N. Kovalchul, V. Satrov, R. Holdich "Effect of aggregation on viscosity of colloidal suslension," Colloid J. **72** (2010) 647–652.
[13] D. B. Genovese, "Shear rheology of hard-sphere, dispersed, and aggregated suspensions, and filler-matrix composites," Adv. Colloid Interface Sci. **171**–**172** (2012) 1–16.
[14] T.-W. Pan, D. D. Joseph, R. Bai, R. Glowinski, V. Sarin, "Fluidization of 1204 spheres: simulation and experiment," J. Fluid Mech. **451** (2002) 169–191.

9 粉末成形体の構造解析

9.1 はじめに

　本章では，筆者らによって粉末成形体の構造解析のために開発された，粉体解析と連続体構造解析を接続したマルチスケール解析手法について説明する．粉末成形体の製造プロセスにおける数値解析の位置付けおよび解析手法を説明した後，事例として粉末成形体の片持ち梁の振動解析を紹介する．また，付録として，解析中に用いられる連続体に関する基礎的な物理についても紹介する．

9.2 粉末成形体の数値解析の重要性

　粉末成形体とは，金型などの容器に注入した原料粉末を，粉末の特性に適した手法で成形し，1つの構造体にした製品の総称である[1]．産業界で製造されている粉末成形体は多岐にわたり，例をあげると，粉末冶金により製造される金属製品，原子燃料，薬品錠剤がある．粉末成形体の製造の高度化には，粉末成形体としての連続体の挙動や性質の理解が不可欠であり[2]，製造工程におけるパラメータ最適化のために，粉末成形体のための数値解析手法の開発および発展が期待されている．

　これまで，粉末成形体を含め，構造体の数値解析には，有限要素法 (Finite

Element Method, FEM) が広く用いられてきた．過去の研究において，金型内での錠剤の密度分布を，FEM を用いた解析と実験値とで比較した数値解析[3,4]や，金属粉末を熱間静水圧成形 (Hot Isostatic Pressing method，以下 HIP 法[7,8]) で成形した金属内の応力や温度分布を検証するために FEM を用いた数値解析がなされた[5,6]．しかし，いずれの解析でも注入した粉体の密度むらは，解析に影響を与えないものと仮定した．薬品錠剤に対しても，FEM によるアプローチがなされている[9-11]が，同様に粉末注入時の密度むらを考慮した研究ではなかった．

金型への粉体の注入には，離散要素法 (Discrete Element Method, DEM)[12] を用いた数値解析が行われている．DEM は，剛体球を仮定しているため，固体粒子に対する塑性変形を模擬することができない．また，粉体の注入および塑性変形を扱うことのできる数値解析手法として，FEM と DEM を結合した手法[13]が開発されたが，計算コストの観点から，きわめて小規模な体系しか模擬することができなかった．

ここでは，粉末成形体の構造解析のために開発された，粉体解析と連続体の構造解析を接続した手法を紹介する．この手法では，粉体解析を DEM で行い，得られた粒子情報を構造解析の初期配置として用いることで，粉体の充填解析を考慮した粉末成形体の構造解析を行う．粉体解析と構造解析の双方に粒子法を導入することにより，粉体の金型容器への注入に際して生じる可能性のある空隙を表現し，空隙周辺に生じる応力集中の発生を観察することができる．構造解析には，有限変形理論にもとづく粒子法構造解析手法 (Finite Deformation theory based Particle Method: FD–PM)[14] を用いる．

9.3 FD–PMの概要

FD-PM は，計算点である各粒子のひずみテンソルを，周囲の粒子情報から近似する，粒子法構造解析手法である．ひずみを有限変形理論にもとづきグリーン–ラグランジュひずみによって評価するため，連続体に大変形が生じる場合であっても，誤差の少ない解析を実行できる．解析の一連の流れを図9.1に示す．

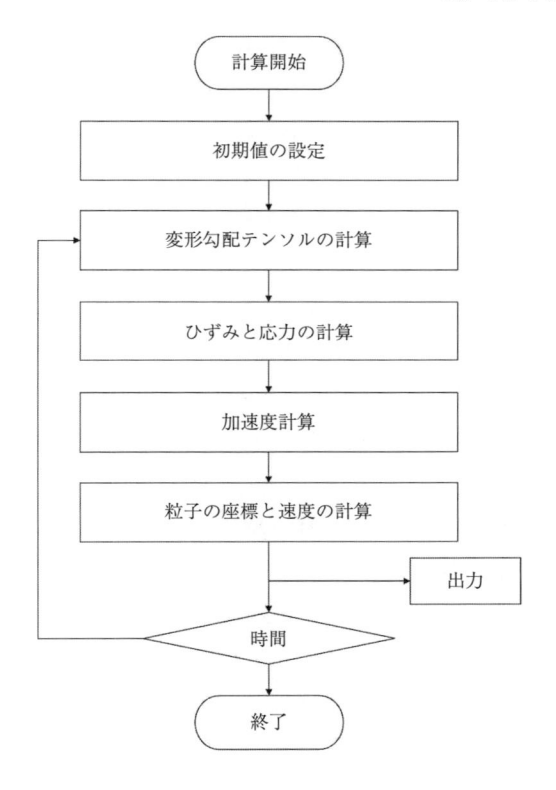

図 9.1　FD–PM 解析の流れ

9.3.1　ハミルトニアン

FD–PM は，ハミルトニアンにもとづいて粒子の運動方程式を離散化するため，エネルギー保存精度の良い解析を行うことができる．ハミルトニアンとは，物理学におけるエネルギーを表す関数であり，ハミルトニアンが一定なら系のエネルギーが保存する．以降では，粒子番号を表す指標として添字 i, j および k を用いる．

系の力学的エネルギーは，ハミルトニアン H を用いて，

$$H = K + V \tag{9.1}$$

のように表すことができる．ここで，H，KおよびVは，それぞれ，ハミルトニアン，運動エネルギーおよびポテンシャルエネルギーである．

系の運動エネルギーは運動量 $\boldsymbol{p}$ を用いて，

$$K = \sum_i \frac{\boldsymbol{p}_i{}^2}{2m_i} \tag{9.2}$$

と記述できる．

弾性体に関するポテンシャルエネルギーは，変形に応じて連続体に蓄えられる弾性ひずみエネルギーであり，その総和は，グリーン–ラグランジュひずみテンソル $\boldsymbol{\epsilon}$ および第 2 ピオラ–キルヒホッフ応力テンソル $\boldsymbol{S}$ を用いて

$$V = \sum_i \frac{1}{2} \boldsymbol{\epsilon_i} : \boldsymbol{S}_i B_i \tag{9.3}$$

と記述することができる．ここで，B は粒子の体積である．

$\boldsymbol{\epsilon}$ および $\boldsymbol{S}$ は，変形勾配テンソル $\boldsymbol{F}$ のみで表現可能であり，$\boldsymbol{F}$ は粒子座標によって決まる値であるため，弾性ひずみエネルギーは粒子座標のみの関数になる．

9.3.2 変形勾配テンソル

FD–PM では，各粒子の変形勾配テンソルを，重み付き最小自乗法によって近似する．後述する重み関数 w_{ij}^0 を用いて，$\boldsymbol{r}$ と $\boldsymbol{F}\boldsymbol{r}^0$ の誤差 Φ を

$$\Phi_i = \sum_j |\boldsymbol{F}_i \boldsymbol{r}_{ij}^0 - \boldsymbol{r}_{ij}|^2 w_{ij}^0 \tag{9.4}$$

と定義する．Φ を最小化するためには，式 (9.4) の右辺の極小値を与える $\boldsymbol{F}$ を求めればよい．式 (9.4) の右辺は $\boldsymbol{F}$ の 2 次関数であるため，その極小値は，

$$\frac{\partial \Phi_i}{\partial \boldsymbol{F}_i} = 0 \tag{9.5}$$

を満たす $\boldsymbol{F}$ である．式 (9.5) を

$$\frac{\partial \Phi_i}{\partial \boldsymbol{F}_i} = 2 \sum_j \left(\boldsymbol{F}_i \boldsymbol{r}_{ij}^0 - \boldsymbol{r}_{ij} \right) \otimes \boldsymbol{r}_{ij}^0 w_{ij}^0$$

$$= 2\boldsymbol{F}_i \left(\sum_j \boldsymbol{r}_{ij}^0 \otimes \boldsymbol{r}_{ij}^0 w_{ij}^0 \right) - 2 \left(\sum_j \boldsymbol{r}_{ij} \otimes \boldsymbol{r}_{ij}^0 w_{ij}^0 \right)$$

$$= 2\boldsymbol{F}_i \left(\sum_j \boldsymbol{r}_{ij}^0 \otimes \boldsymbol{r}_{ij}^0 w_{ij}^0 \right) - 2 \left(\sum_j \boldsymbol{r}_{ij} \otimes \boldsymbol{r}_{ij}^0 w_{ij}^0 \right) \quad (9.6)$$

と変形することにより,

$$\boldsymbol{F}_i = \frac{\sum_j \left(\boldsymbol{r}_{ij} \otimes \boldsymbol{r}_{ij}^0 w_{ij}^0 \right)}{\sum_j \left(\boldsymbol{r}_{ij}^0 \otimes \boldsymbol{r}_{ij}^0 w_{ij}^0 \right)} \quad (9.7)$$

が得られる.

ここで,

$$\boldsymbol{A}_i = \sum_j \left(\boldsymbol{r}_{ij}^0 \otimes \boldsymbol{r}_{ij}^0 w_{ij}^0 \right) \quad (9.8)$$

という 2 階の係数テンソルを定義することにより,式 (9.7) の変形勾配テンソルを

$$\boldsymbol{F}_i = \sum_j \left(\boldsymbol{r}_{ij} \otimes \boldsymbol{r}_{ij}^0 w_{ij}^0 \right) \boldsymbol{A}_i^{-1} \quad (9.9)$$

と表すことにする.

9.3.3 重 み 関 数

変形勾配テンソルの近似に用いる重み関数 w^0 は,影響半径 R 内で有効な関数として,

$$w_{ij}^0 = \begin{cases} \dfrac{R_i}{|\boldsymbol{r}_{ij}^0|} - 1 & (|\boldsymbol{r}_{ij}^0| < R_i) \\ 0 & (|\boldsymbol{r}_{ij}^0| \geq R_i) \end{cases} \quad (9.10)$$

と定義する.図 9.2 に示すように,濃い灰色で示した粒子 i の重心位置からの距離が R_i 内にある薄い灰色の粒子を近傍粒子として,粒子間の相互作用力が発生するものとする.影響半径 R の大きさは,粒子 i の粒子径 d_i に応じて,

$$R_i = \alpha d_i \quad (9.11)$$

と決定する.ここでは,粒子径の $\alpha = 2.3$ 倍を用いるものとする.

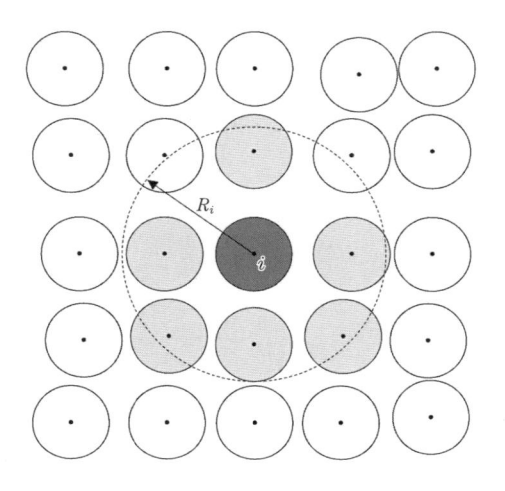

図 **9.2** 影 響 半 径

9.3.4 構 成 方 程 式

ここでは，応力–ひずみの関係式として，

$$S = 2\mu\epsilon + \lambda tr\left(\epsilon\right) I \tag{9.12}$$

で示される線形弾性体の構成方程式を用いる．多くの弾性体の構成方程式は，変形勾配テンソル F および第 2 ピオラ–キルヒホッフ応力テンソル S を用いて記述されているため，式 (9.12) を置き換えることで，様々な連続体の解析を行うことができる．

9.3.5 運 動 方 程 式

式 (9.1) のハミルトニアンを粒子座標に関して微分し，ハミルトンの正準方程式に代入することで，粒子の運動方程式を得る．

弾性ひずみエネルギーの総和を粒子座標 q_i に関して微分すると，

$$\frac{\partial V}{\partial q_i} = \sum_j \frac{\partial W_j}{\partial q_i} B_j \tag{9.13}$$

9.3 FD-PMの概要

となる. 一般に, 単位体積あたりのポテンシャルエネルギー W が変形勾配テンソル $\boldsymbol{F}$ の関数として表されているとき, 第1ピオラ–キルヒホッフ応力テンソル $\boldsymbol{\Pi}$ との関係は,

$$\boldsymbol{\Pi}^\top = \boldsymbol{F}\boldsymbol{S} = \frac{\partial W}{\partial \boldsymbol{F}} \tag{9.14}$$

と表されるため, 式 (9.13) はチェーンルールにより,

$$\frac{\partial V}{\partial \boldsymbol{q}_i} = \sum_j \frac{\partial W_j}{\partial \boldsymbol{q}_i} B_j = \sum_j \frac{\partial W_j}{\partial \boldsymbol{F}_j} \frac{\partial \boldsymbol{F}_j}{\partial \boldsymbol{q}_i} B_j = \sum_j \boldsymbol{\Pi}_j^\top \frac{\partial \boldsymbol{F}_j}{\partial \boldsymbol{q}_i} B_j \tag{9.15}$$

と変形することができる.

以降では, 式 (9.15) の式を1つずつ解説しながら, 成分表示により変形する. ここで, 粒子番号の添字 i, j および k に加えて, 空間成分の添字 a, b, c および d を総和規約によって記す. また, 粒子番号の添字を右肩に, 空間成分の添字を右下に記すものとする.

$$\frac{\partial V}{\partial q_a^i} = \sum_j \left(\Pi^{\top j}_{bd} \frac{\partial F_{bd}^j}{\partial q_a^i} B^j \right)$$

$$= \sum_j \left[\Pi^{\top j}_{bd} \frac{\partial}{\partial q_a^i} \sum_k \left(r_b^{jk} r_c^{0jk} w^{jk} \right) \left(A_{cd}^j \right)^{-1} B^j \right]$$

F に式 (9.9) を代入すると,

$$\frac{\partial V}{\partial q_a^i} = \sum_j \left\{ \Pi^{\top j}_{bd} \frac{\partial}{\partial q_a^i} \sum_k \left[\left(q_b^k - q_b^j \right) r_c^{0jk} w^{jk} \right] \left(A_{cd}^j \right)^{-1} B^j \right\}$$

r を q の差に直すと,

$$\frac{\partial V}{\partial q_a^i} = \sum_j \left\{ \Pi^{\top j}_{bd} \sum_k \left[\left(\delta^{ik} \delta_{ab} - \delta^{ij} \delta_{ab} \right) r_c^{0jk} w^{jk} \right] \left(A_{cd}^j \right)^{-1} B^j \right\}$$

座標位置での微分を行い, クロネッカーのデルタで表現すると,

$$\frac{\partial V}{\partial q_a^i} = \sum_j \left[\Pi^{\top j}_{bd} \sum_k \left(\delta^{ik} \delta_{ab} r_c^{0jk} w^{jk} \right) \left(A_{cd}^j \right)^{-1} B^j \right]$$

$$- \sum_j \left[\Pi^{\top j}_{bd} \sum_k \left(\delta^{ij} \delta_{ab} r_c^{0jk} w^{jk} \right) \left(A_{cd}^j \right)^{-1} B^j \right]$$

$$= \sum_j \left[\Pi^{\top j}{}_{bd} \delta_{ab} r_c^{0ji} w^{ji} \left(A_{cd}^j\right)^{-1} B^j \right]$$
$$- \Pi^{\top i}{}_{bd} \sum_k \left[\delta_{ab} r_c^{0ik} w^{ik} \left(A_{cd}^i\right)^{-1} B^i \right]$$

第 1 項では，δ^{ik} が $k = i$ 以外では 0 になるため，$k = i$ を残して $\sum_k$ を消去した．同様に第 2 項では，δ^{ij} の存在により，$j = i$ を残して $\sum_j$ を消去して，

$$\frac{\partial V}{\partial q_a^i} = \sum_j \left[\Pi^{\top j}{}_{bd} \delta_{ab} r_c^{0ji} w^{ji} \left(A_{cd}^j\right)^{-1} B^j \right]$$
$$- \sum_k \left[\Pi^{\top i}{}_{bd} \delta_{ab} r_c^{0ik} w^{ik} \left(A_{cd}^i\right)^{-1} B^i \right]$$

第 2 項の $\Pi^{\top i}{}_{bd}$ は，k に関する項ではないため，$\sum_k$ 内に移動すると

$$\frac{\partial V}{\partial q_a^i} = \sum_j \left[\Pi^{\top j}{}_{ad} r_c^{0ji} w^{ji} \left(A_{cd}^j\right)^{-1} B^j \right] - \sum_k \left[\Pi^{\top i}{}_{ad} r_c^{0ik} w^{ik} \left(A_{cd}^i\right)^{-1} B^i \right]$$

第 1 項では，δ_{ab} の存在により，$\Pi^{\top j}{}_{bd} \delta_{ab}$ を $\Pi^{\top j}{}_{bd}$ とした．第 2 項についても同様の変形を行うと，

$$\frac{\partial V}{\partial q_a^i} = -\sum_j \left[\Pi^{\top j}{}_{ad} r_c^{0ij} w^{ij} \left(A_{cd}^j\right)^{-1} B^j \right] - \sum_j \left[\Pi^{\top i}{}_{ad} r_c^{0ij} w^{ij} \left(A_{cd}^i\right)^{-1} B^i \right]$$
$$= -\sum_j \left[\Pi^{\top j}{}_{ad} \left(A_{cd}^j\right)^{-1} r_c^{0ij} B^j + \Pi^{\top i}{}_{ad} \left(A_{cd}^i\right)^{-1} r_c^{0ij} B^i \right] w^{ij} \quad (9.16)$$

第 2 項の粒子番号に関する添字 k を j に置き換え，式を 1 つにまとめた．k は粒子 i と相互作用を起こす粒子の指標であること以外の意味をもたないため，この操作が可能である．

ここで，成分表示からベクトル表示に，また，粒子番号に関する添字を右下に戻す．

$$\frac{\partial V}{\partial \boldsymbol{q}_i} = -\sum_j \left(\boldsymbol{\Pi}_j^\top \boldsymbol{A}_j^{-1} \boldsymbol{r}_{ij}^0 B_j + \boldsymbol{\Pi}_i^\top \boldsymbol{A}_i^{-1} \boldsymbol{r}_{ij}^0 B_i \right) w_{ij}$$
$$= -\sum_j \left(\boldsymbol{F}_j \boldsymbol{S}_j \boldsymbol{A}_j^{-1} \boldsymbol{r}_{ij}^0 B_j + \boldsymbol{F}_i \boldsymbol{S}_i \boldsymbol{A}_i^{-1} \boldsymbol{r}_{ij}^0 B_i \right) w_{ij} \quad (9.17)$$

式 (9.14) により，第 1 ピオラ–キルヒホッフ応力テンソルを置き換えた．

なお，運動エネルギー K は粒子座標に関する項を含まないため，粒子座標に関する微分は

$$\frac{\partial K}{\partial \boldsymbol{q}} = 0 \tag{9.18}$$

であり，ハミルトニアンの粒子座標に関する微分は

$$\frac{\partial H}{\partial \boldsymbol{q}} = \frac{\partial K}{\partial \boldsymbol{q}} + \frac{\partial V}{\partial \boldsymbol{q}} = \frac{\partial V}{\partial \boldsymbol{q}} \tag{9.19}$$

となる．

式 (9.17) および (9.19) をハミルトンの正準方程式に代入すると，粒子 i の運動方程式

$$\begin{aligned}\dot{\boldsymbol{p}}_i &= -\frac{\partial H}{\partial \boldsymbol{q}_i} = -\frac{\partial V}{\partial \boldsymbol{q}_i} \\ &= \sum_j \left(\boldsymbol{F}_j \boldsymbol{S}_j \boldsymbol{A}_j^{-1} \boldsymbol{r}_{ij}^0 B_j + \boldsymbol{F}_i \boldsymbol{S}_i \boldsymbol{A}_i^{-1} \boldsymbol{r}_{ij}^0 B_i \right) w_{ij}\end{aligned} \tag{9.20}$$

が得られる．

9.3.6 時間積分法

シンプレクティック数値積分法とは，全エネルギーをハミルトニアンで記述し，そこから得られた正準方程式が運動方程式と一致する場合に適用することができる手法で，エネルギー保存精度のよい解析が実行できることが知られている．FD–PM では，この条件を満たすよう粒子に関する運動方程式を離散化しているため，シンプレクティック数値積分法を使用することができる．ここでは，4 章で示したシンプレクティック数値積分法の 1 つである蛙跳び法を用いる．蛙跳び法では，1 ステップ目の粒子座標 $\boldsymbol{q}$ および粒子速度 $\dot{\boldsymbol{q}}$ の更新のみ以下のように行う．

$$\boldsymbol{q}_i^{1/2} = \boldsymbol{q}_i^0 + \dot{\boldsymbol{q}}_i^0 \frac{\Delta t}{2} + \frac{1}{2} \frac{\partial \dot{\boldsymbol{q}}_i^0}{\partial t} \left(\frac{\Delta t}{2} \right)^2 \tag{9.21}$$

以降の t ステップ目では座標および速度の更新を以下のように行う．

$$\dot{\boldsymbol{q}}_i^t = \dot{\boldsymbol{q}}_i^{t-1} + \frac{\partial \dot{\boldsymbol{q}}_i^{t-1}}{\partial t} \Delta t \tag{9.22}$$

$$\boldsymbol{q}_i^{t+1/2} = \boldsymbol{q}_i^{t-1/2} + \dot{\boldsymbol{q}}_i^t \Delta t \tag{9.23}$$

このような更新を行うことで，時間刻み幅 Δt の2次の精度でエネルギーを保存しながら計算することができる．

9.3.7 数値安定性

陽解法を用いた動的解析で安定した解析を実行するためには，時間刻みをある程度小さく取る必要がある．構造解析では，情報が伝播する速度を，弾性体中を進行する応力波，すなわち弾性波の速度よりも速く設定する．これは，1ステップ辺りの弾性波の伝播距離が，粒子間距離よりも短くならなければならないことを意味する．3次元の等方弾性体中の弾性波の速度は，以下の式で表される．

$$v_P = \sqrt{\frac{\lambda + 2\mu}{\rho}} \tag{9.24}$$

$$v_S = \sqrt{\frac{\mu}{\rho}} \tag{9.25}$$

ここで，v_P および v_S はそれぞれ，P波の速度およびS波の速度を表す．このうち，より早く伝播する弾性波はP波であり，安定した解析を行うためには，時間刻み Δt が次式を満たす必要がある．

$$\begin{aligned} v_P \Delta t &\leq l_0 \\ \therefore \Delta t &\leq \frac{l_0}{v_P} \end{aligned} \tag{9.26}$$

ここで，l_0 は初期粒子間距離である．

9.4 数値解析

DEM と FD–PM を連成した粉末成形体の構造解析手法の計算例として，片持ち梁の振動解析を行う．片持ち梁の寸法は，$0.75\,\mathrm{m} \times 0.05\,\mathrm{m} \times 0.05\,\mathrm{m}$ である．図 9.3A は，DEM で直方体状容器へ粉体を充填する解析を行い，得られた座標データをもとに作成した粉末成形体の片持ち梁である．これを非格子状配置の梁とよぶ．解析に用いる物性値として，ヤング率を $1.0 \times 10^6\,\mathrm{Pa}$，ポア

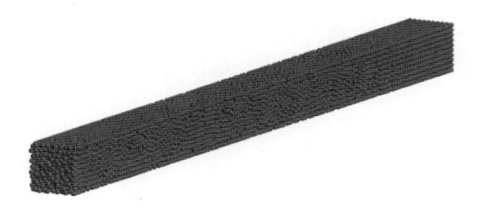

図 9.3 A　DEM により作成した非格子状配置の片持ち梁

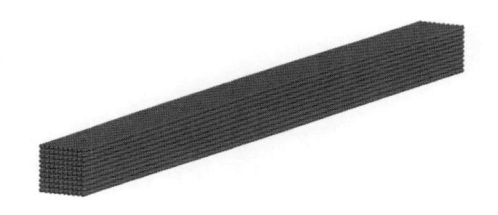

図 9.3 B　格子状配置の片持ち梁

ソン比を 0.0 とした．粒子密度は $1.0 \times 10^3 \mathrm{kg/m^3}$ としたが，これは DEM による充填解析を行った際の粉体粒子の値と同じである．

非格子状配置を用いたことによる解析への影響を比較するため，格子状配置の解析も併せて行う．図 9.3B は，粉末成形体のようにランダムに粒子を配置するのではなく，従来の粒子法構造解析のように，粒子を格子状に配置した片持ち梁である．これを格子状配置の梁とよぶ．解析に用いる物性値は，非格子状配置の梁の解析と同じ値を用いるものとする．

9.4.1　片持ち梁の初期速度

振動解析を行うため，片持ち梁を構成する各粒子には，以下の手順により固有振動モードにもとづいて初期速度を与えた．

長さが L の梁の横振動の解は，以下の式で表される[15]．

$$w(x,t) = W(x)(A\cos\Omega t + B\sin\Omega t) \tag{9.27}$$

$$W(x) = C_1 \cos\frac{\Lambda_n x}{L} + C_2 \cosh\frac{\Lambda_n x}{L} + C_3 \sin\frac{\Lambda_n x}{L} + C_4 \sinh\frac{\Lambda_n x}{L} \tag{9.28}$$

ここで，x，Ω および Λ_k は梁の長さ方向の座標，梁の各振動数および梁の固有

振動モードに対応した固有値 $W(x)$ である．角振動数は梁の形状や物性値により決定付けられる値であり，後述する．片持ち梁の固有振動モード $W(x)$ は，

$$W(x) = \cos\frac{\Lambda_n x}{L} - \cosh\frac{\Lambda_n x}{L} - \alpha_k\left(\sin\frac{\Lambda_n x}{L} - \sinh\frac{\Lambda_n x}{L}\right) \quad (9.29)$$

$$\alpha_k = \frac{\cos\dfrac{\Lambda_n x}{L} + \cosh\dfrac{\Lambda_n x}{L}}{\sin\dfrac{\Lambda_n x}{L} + \sinh\dfrac{\Lambda_n x}{L}} \quad (9.30)$$

のように与えられる．

片持ち梁の場合，固有値 Λ_k の値は，

$$1 + \cos\Lambda_n \cosh\Lambda_n = 0 \quad (9.31)$$

の解として与えられる．最も単純な固有振動モードは節点が1つの場合，すなわち $n=1$ のであり，数値解析により解を求めると，$\Lambda_1 = 1.875$ になる．

振動方向を z として，xy 断面の中心に x 軸がある場合，梁の振動モードに従った速度は，

$$\begin{aligned} v_x &= -A_m \frac{\Omega y}{W(L)}\frac{\partial W(x)}{\partial x} \\ v_y &= 0 \\ v_z &= -A_m \frac{\Omega}{W(L)} W(x) \end{aligned} \quad (9.32)$$

のように与えられる．ここで，Ω および A_m は，それぞれ，角振動数および最大振幅であり，添字の x, y および z は空間成分を表す．また，最大振幅は設定値として付与することができる値であり，ここでは，$A_m = 1.0 \times 10^{-3}\,\mathrm{m}$ で与えた．

9.4.2 解　析　解

解析精度の検証は，梁の振動周期および振幅を解析解と比較することで行う．以下に，振動周期および振幅の解析解の導出について述べる．

振動周期　　長さ L の片持ち梁の周期 T_k は，

$$T_k = \frac{2\pi}{\Lambda_k{}^2} L^2 \sqrt{\frac{\rho S}{EI_{\mathrm{GMI}}}} \quad (9.33)$$

と与えられる[15]．ただし ρ, S, E および I_{GMI} はそれぞれ粒子密度，梁の断面積，ヤング率および断面2次モーメントである．

また，梁の初期速度の算出に用いる角振動数 Ω は，周期 T を用いて，

$$\Omega_k = \frac{2\pi}{T_k} \tag{9.34}$$

と与えられる．

9.5 計　算　結　果

図 9.4A に非格子状配置の振動解析の様子を示す．色はミーゼスの相当応力[16]にもとづき表示した．ミーゼスの相当応力は3次元の応力状態を短軸応力状態に相当させた応力であり，

$$\bar{\sigma} = \left\{ \frac{1}{2}[(\sigma_{xx} - \sigma_{yy})^2 + (\sigma_{yy} - \sigma_{zz})^2 + (\sigma_{zz} - \sigma_{xx})^2 \right. \\ \left. + 6(\sigma_{xy}{}^2 + \sigma_{yz}{}^2 + \sigma_{zx}{}^2)] \right\}^{1/2} \tag{9.35}$$

のように与えられる．応力分布は，固定端付近で高く，梁の先端に近づくにつれて小さくなっており，定性的に正しい挙動を示している．図 9.4B は格子状配置の解析の様子である．非格子状配置は，格子状配置と比較して，ほぼ同様の応力分布を示すことが確認できる．

図 9.5A および図 9.5B は，非格子状配置と格子状配置の解析中のエネルギーの推移を示した図である．いずれの解析でも，運動エネルギーとポテンシャルエネルギーが交換しながら，系の力学的エネルギーが保存している．

図 9.6A および図 9.6B は，計算に用いる粒子数を変化させた場合の，振動周期と振幅の解析解との相対誤差を示す．計算粒子数を増加させると，相対誤差が減少し，解析解に近づいていく様子が確認できる．すなわち，解析解像度を上げて解析を行うことで，より高精度な結果が得られることになる．

180　　9. 粉末成形体の構造解析

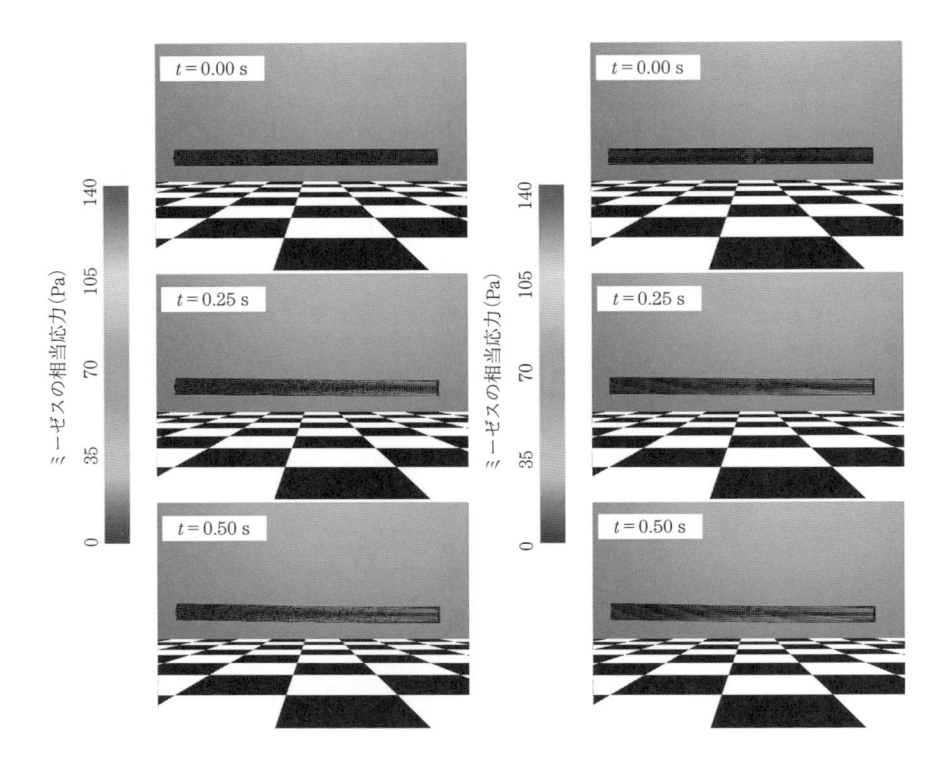

図 9.4 A 非格子状配置の片持ち梁の振動解析のスナップショット

図 9.4 B 格子状配置の片持ち梁の振動解析のスナップショット

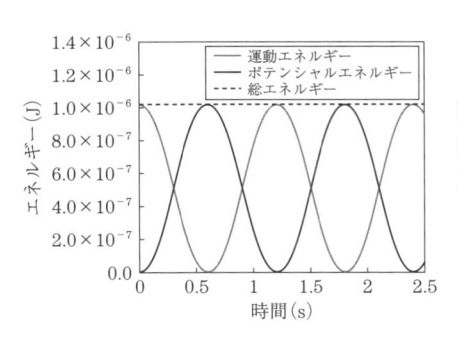

図 9.5 A 非格子状配置の片持ち梁解析のエネルギー保存精度

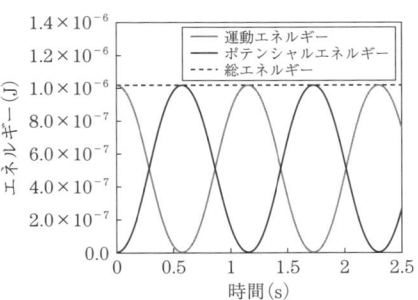

図 9.5 B 格子状配置の片持ち梁解析のエネルギー保存精度

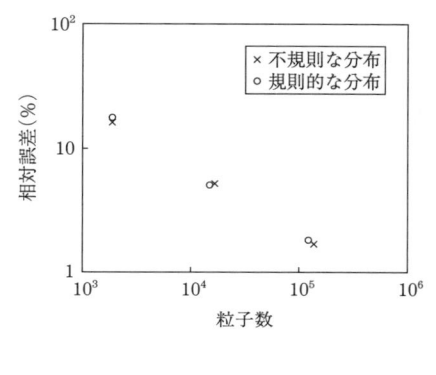

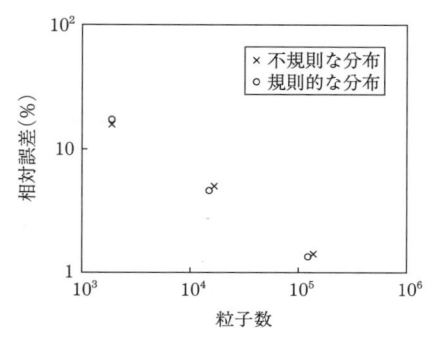

図 9.6 A　振動周期の誤差　　　　　図 9.6 B　振　幅　の　誤　差

9.6　お　わ　り　に

　粉末成形体の構造解析手法として，2つの粒子法による数値解析手法を連成する手法を紹介した．粉体解析をDEMで行い，構造解析をFD–PMで行うことで，粉末の充填状態を考慮した数値解析を行うことができる．従来の粒子法構造解析のように粒子を格子状に配置した片持ち梁の解析と比較して，結果はほぼ同等であり，ランダムに充填したことによる計算の不安定化などは発生しない．

　この連成手法を用いることで，密度むらや空隙により発生する，応力集中や破壊などの現象を予見することが可能となる．薬品錠剤の製造プロセスにおける形状設計や強度試験に応用することで，製造プロセスの改良および最適化を行い，開発期間の短縮や，開発コストの削減につなぐことができる．

9.7　付　　　録

　ここでは，連続体力学において変形を記述するための基礎的な概念であるひずみと，ひずみを応力と結びつける構成方程式について述べる．本節を執筆するにあたり専門書[17]を参考にした．

9.7.1 ひ　ず　み

　ひずみとは，連続体内部に発生する形状変化のことであり，ひずみテンソルの算出は，変形勾配テンソルを基に行う．変形勾配テンソルは，連続体内部のある物質点近傍の形状変化と回転を表す定量的指標指標であるが，回転成分は連続体内部の形状変化に関与しないため，連続体のひずみを評価するためには，変形勾配テンソルから回転成分を除去し，形状変化成分のみを抽出する必要がある．この抽出に用いられるひずみの評価手法として，有限変形理論と微小変形理論が存在し，FD–PM では前者にもとづいた有限ひずみを用いている．

　ここでは，変形勾配テンソルと，有限ひずみおよび微小ひずみについて述べた後，それらを定量的に評価する．

a. 変形勾配テンソル　　初期状態における連続体内部のある物質点を $\boldsymbol{X}$ とする．その点から近傍の点まで相対位置ベクトルを $\Delta\boldsymbol{X}$ とすると，近傍点は $\boldsymbol{X}+\Delta\boldsymbol{X}$ と表される．ある時刻 t において，この物質点および近傍点がそれぞれ，$\boldsymbol{x}=\phi(\boldsymbol{X},t)$ および $\boldsymbol{x}+\Delta\boldsymbol{x}=\phi(\boldsymbol{X}+\Delta\boldsymbol{X},t)$ へと移動したとき，相対位置ベクトル $\Delta\boldsymbol{x}$ は，

$$\Delta\boldsymbol{x} = \phi(\boldsymbol{X}+\Delta\boldsymbol{X},t) - \phi(\boldsymbol{X},t)$$
$$= \frac{\partial\phi(\boldsymbol{X},t)}{\partial\boldsymbol{X}}\Delta\boldsymbol{X} + O\left(\|\Delta\boldsymbol{X}\|^2\right) \tag{9.36}$$

と表される．式 (9.36) の 2 段目では，テイラー展開を行った．さらに，$\|\Delta\boldsymbol{X}\|\to 0$ としたときの両辺の微小量の主要部を考えると，次の全微分式を得る．

$$\mathrm{d}\boldsymbol{x} = \frac{\partial\phi(\boldsymbol{X},t)}{\partial\boldsymbol{X}}\mathrm{d}\boldsymbol{X} \tag{9.37}$$

ここで，

$$\frac{\partial\phi(\boldsymbol{X},t)}{\partial\boldsymbol{X}} = \frac{\partial\boldsymbol{x}}{\partial\boldsymbol{X}} = \boldsymbol{F}(\boldsymbol{X},t) \tag{9.38}$$

とおく．式 (9.38) を式 (9.37) に代入して

$$\mathrm{d}\boldsymbol{x} = \boldsymbol{F}(\boldsymbol{X},t)\,\mathrm{d}\boldsymbol{X} \tag{9.39}$$

と表記する．

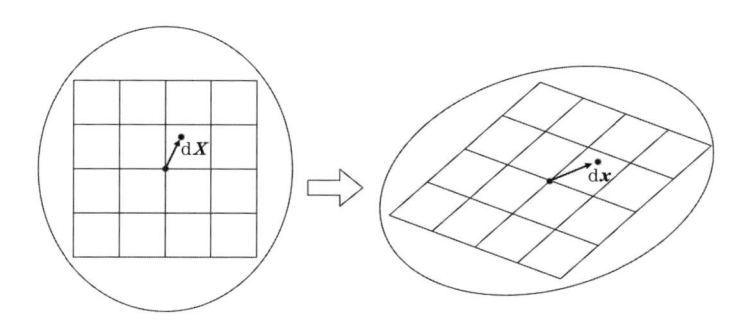

図 9.7　物質点まわりの変形

式 (9.39) は，物質点 $\boldsymbol{X}$ 近傍の微分 $\mathrm{d}\boldsymbol{X}$ が，連続体の運動に伴って微分ベクトル $\mathrm{d}\boldsymbol{x}$ に変換されることを表す (図 9.7)．この変換は $\boldsymbol{X}$ 近傍の変形の様子を表し，2 階テンソル $\boldsymbol{F}$ によって行われる．$\boldsymbol{F}$ は $\boldsymbol{X}$ 近傍の変形を定量的に表す指標として用いられ，これを変形勾配テンソルとよぶ．

b. 有限ひずみ　有限変形理論にもとづくひずみ評価の概要を示す．変形前後の $\mathrm{d}\boldsymbol{x}$ と $\mathrm{d}\boldsymbol{X}$ の長さを，それぞれ $\mathrm{d}s$ と $\mathrm{d}S$ とし，その 2 乗の差を次のように 2 次形式で表す．

$$\begin{aligned}(\mathrm{d}s)^2 - (\mathrm{d}S)^2 &= \mathrm{d}\boldsymbol{x} \cdot \mathrm{d}\boldsymbol{x} - \mathrm{d}\boldsymbol{X} \cdot \mathrm{d}\boldsymbol{X} \\ &= (\boldsymbol{F}\mathrm{d}\boldsymbol{X}) \cdot (\boldsymbol{F}\mathrm{d}\boldsymbol{X}) - \mathrm{d}\boldsymbol{X} \cdot \mathrm{d}\boldsymbol{X} \\ &= \mathrm{d}\boldsymbol{X} \cdot \left(\boldsymbol{F}^\top \boldsymbol{F} - \boldsymbol{I}\right) \mathrm{d}\boldsymbol{X} \end{aligned} \quad (9.40)$$

この 2 次形式を特徴付けている係数テンソル $\left(\boldsymbol{F}^\top \boldsymbol{F} - \boldsymbol{I}\right)$ は，$\boldsymbol{F}$ の 2 次形式であり，単なるベクトルの引き算で導かれることから，回転成分を含まないことがわかる．そこで，局所的な変形における引き延ばし成分だけに関係する定量的な指標として，次式の 2 階テンソル $\boldsymbol{\epsilon}$ を定義する．

$$\boldsymbol{\epsilon} = \frac{1}{2}(\boldsymbol{F}^\top \boldsymbol{F} - \boldsymbol{I}) \quad (9.41)$$

この $\boldsymbol{\epsilon}$ をグリーン–ラグランジュひずみといい，後述の微小ひずみと区別するため，有限ひずみともよばれる．すなわち，有限ひずみテンソルとは 2 次形式によって変形前後の微分ベクトルの長さの 2 乗の変化を

$$(\mathrm{d}\boldsymbol{s})^2 - (\mathrm{d}\boldsymbol{S})^2 = \mathrm{d}\boldsymbol{X} \cdot 2\boldsymbol{\epsilon}\,\mathrm{d}\boldsymbol{X} \tag{9.42}$$

のように与える2階テンソルである.

　また，有限ひずみテンソルは，2つの微分ベクトルの内積に注目して定義することもできる．物質点 $\boldsymbol{X}$ 近傍の2つの微分ベクトル $\mathrm{d}\boldsymbol{X}_1$ および $\mathrm{d}\boldsymbol{X}_2$ は，変形後は，

$$\mathrm{d}\boldsymbol{x}_1 = \boldsymbol{F}\,\mathrm{d}\boldsymbol{X}_1 \tag{9.43}$$

$$\mathrm{d}\boldsymbol{x}_2 = \boldsymbol{F}\,\mathrm{d}\boldsymbol{X}_2 \tag{9.44}$$

になる．このとき，2つのベクトルの内積の変化に注目すると，

$$\begin{aligned}\mathrm{d}\boldsymbol{x}_1 \cdot \mathrm{d}\boldsymbol{x}_2 - \mathrm{d}\boldsymbol{X}_1 \cdot \mathrm{d}\boldsymbol{X}_2 &= (\boldsymbol{F}\mathrm{d}\boldsymbol{X}_1)\cdot(\boldsymbol{F}\mathrm{d}\boldsymbol{X}_2) - \mathrm{d}\boldsymbol{X}_1 \cdot \mathrm{d}\boldsymbol{X}_2 \\ &= \mathrm{d}\boldsymbol{X}_1 \cdot \left(\boldsymbol{F}^\top \boldsymbol{F} - \boldsymbol{I}\right)\mathrm{d}\boldsymbol{X}_2 \\ &= \mathrm{d}\boldsymbol{X}_1 \cdot 2\boldsymbol{\epsilon}\,\mathrm{d}\boldsymbol{X}_2\end{aligned} \tag{9.45}$$

と表される．式 (9.45) において $\mathrm{d}\boldsymbol{X}_1 = \mathrm{d}\boldsymbol{X}_2 = \mathrm{d}\boldsymbol{X}$ とすれば，式 (9.42) を得る．この定義に従えば，有限ひずみテンソルは，変形前後の微分ベクトルの内積の変化を与える2階テンソルであるといえる．内積の値は，2つのベクトルの長さと，その成す角によって決定される．したがって，有限ひずみテンソルとは，物質点 $\boldsymbol{X}$ 近傍における変形のうち引き延ばしのみによる長さと角度変化を表す定量指標である．

c. 微小ひずみ　　微小変形理論にもとづくひずみ評価の概要を示す.

　初期状態のある物質点 $\boldsymbol{X}$ とその現在位置 $\boldsymbol{x}$ は，変位 $\boldsymbol{u}$ を用いて

$$\boldsymbol{x} = \boldsymbol{X} + \boldsymbol{u} \tag{9.46}$$

と表される．ここで，以下の事柄が成立するような微小変形を仮定する.

　変位が生じた結果としての変形が十分に小さく，ある物理量を表す関数 $\boldsymbol{\psi}$ について，

$$\boldsymbol{\psi}(\boldsymbol{X}) \simeq \boldsymbol{\psi}(\boldsymbol{x}) \tag{9.47}$$

として扱うことができるものとし，その勾配に関しても

$$\frac{\partial \boldsymbol{\psi}}{\partial \boldsymbol{X}} \simeq \frac{\partial \boldsymbol{\psi}}{\partial \boldsymbol{x}} \tag{9.48}$$

が成り立つと仮定する．さらに，変位 $\boldsymbol{u}$ の勾配が十分に小さく，勾配に関する2次項が1次項に対して無視できると仮定する．このような微小変形の仮定を用いた連続体力学の議論を微小変形理論という．

微小変形理論にもとづき，変形勾配テンソルによるひずみの評価を行う．まず，変形勾配テンソルを，変位 $\boldsymbol{u}$ を用いて書き直す．

$$\boldsymbol{F} = \frac{\partial \boldsymbol{x}}{\partial \boldsymbol{X}} = \frac{\partial (\boldsymbol{X}+\boldsymbol{u})}{\partial \boldsymbol{X}} = \boldsymbol{I} + \frac{\partial \boldsymbol{u}}{\partial \boldsymbol{X}} \tag{9.49}$$

この $\boldsymbol{F}$ から，グリーン–ラグランジュひずみは，変位によって次のように表される．

$$\begin{aligned}\boldsymbol{\epsilon} &= \frac{1}{2}\left(\boldsymbol{F}^\top \boldsymbol{F} - \boldsymbol{I}\right) \\ &= \frac{1}{2}\left[\left(\boldsymbol{I}+\frac{\partial \boldsymbol{u}}{\partial \boldsymbol{X}}\right)^\top \left(\boldsymbol{I}+\frac{\partial \boldsymbol{u}}{\partial \boldsymbol{X}}\right) - \boldsymbol{I}\right] \\ &= \frac{1}{2}\left[\left(\frac{\partial \boldsymbol{u}}{\partial \boldsymbol{X}}\right) + \left(\frac{\partial \boldsymbol{u}}{\partial \boldsymbol{X}}\right)^\top + \left(\frac{\partial \boldsymbol{u}}{\partial \boldsymbol{X}}\right)^\top \left(\frac{\partial \boldsymbol{u}}{\partial \boldsymbol{X}}\right)\right]\end{aligned} \tag{9.50}$$

ここで，上記の微小変形の仮定を適用すると，変位ベクトル $\boldsymbol{u}$ については，

$$\frac{\partial \boldsymbol{u}}{\partial \boldsymbol{X}} \simeq \frac{\partial \boldsymbol{u}}{\partial \boldsymbol{x}} \tag{9.51}$$

のように扱うことが可能であり，また，勾配に関する2次項が1次項に対して無視できることから，

$$\left\|\frac{\partial \boldsymbol{u}}{\partial \boldsymbol{X}}\right\| \gg \left\|\left(\frac{\partial \boldsymbol{u}}{\partial \boldsymbol{X}}\right)^\top \left(\frac{\partial \boldsymbol{u}}{\partial \boldsymbol{X}}\right)\right\| \tag{9.52}$$

となる．その結果，

$$\boldsymbol{\epsilon} \simeq \frac{1}{2}\left[\left(\frac{\partial \boldsymbol{u}}{\partial \boldsymbol{X}}\right) + \left(\frac{\partial \boldsymbol{u}}{\partial \boldsymbol{X}}\right)^\top\right] \tag{9.53}$$

と近似される．微小変形の仮定により導出された式 (9.53) のひずみを，

$$\boldsymbol{\epsilon}' = \frac{1}{2}\left[\left(\frac{\partial \boldsymbol{u}}{\partial \boldsymbol{X}}\right) + \left(\frac{\partial \boldsymbol{u}}{\partial \boldsymbol{X}}\right)^\top\right] \tag{9.54}$$

のように改めて表し，これを微小ひずみテンソルと定義する．

d. 有限ひずみと微小ひずみ　2次元体系における有限ひずみと微小ひずみの差異を説明する．

まず，伸び変形に関するひずみの評価について述べる．図9.8Aのように，ある点 (X_1, X_2) を $(\delta X_1, \delta X_2)$ だけ引き延ばして変形させて，(x_1, x_2) に移動したとする．このとき，有限変形理論にもとづき評価した有限ひずみは，成分表示すると

$$\boldsymbol{\epsilon} = \frac{1}{2}\begin{bmatrix} 2\delta + \delta^2 & 0 \\ 0 & -2\delta + \delta^2 \end{bmatrix} \tag{9.55}$$

となり，微小変形理論にもとづき評価した微小ひずみは

$$\boldsymbol{\epsilon}' = \frac{1}{2}\begin{bmatrix} \delta & 0 \\ 0 & -\delta \end{bmatrix} \tag{9.56}$$

となる．

δ を変化させた場合，厳密に長さの2乗の変化を与える有限ひずみと，有限ひずみから2次の項を無視した微小ひずみでは，具体的にどの程度の差異が出るのかを表9.1に示す．

次に，剛体回転におけるひずみの評価について述べる．図9.8Bのように，ある点 (X_1, X_2) を角度 θ だけ回転させて，(x_1, x_2) に移動したとする．連続体を剛体回転させただけなので，本来であれば，連続体内部にひずみは発生しない．実際，有限ひずみに関してはテンソルの成分がすべてゼロになるため，剛体回転

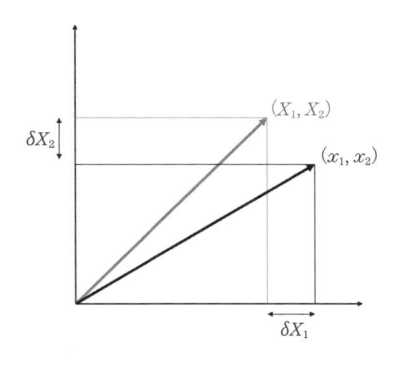

図9.8A　伸び変形　　　　　図9.8B　剛体回転

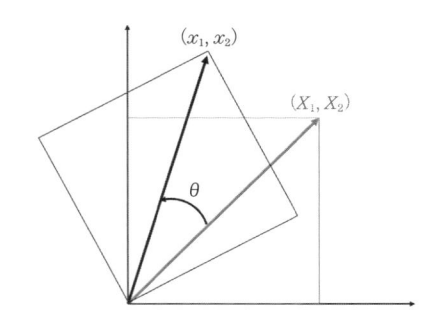

表 9.1　有限ひずみと微小ひずみの差

δ	ϵ	ϵ'
0.001	$\dfrac{1}{2}\begin{bmatrix} 0.002001 & 0 \\ 0 & -0.001999 \end{bmatrix}$	$\dfrac{1}{2}\begin{bmatrix} 0.002 & 0 \\ 0 & -0.002 \end{bmatrix}$
0.01	$\dfrac{1}{2}\begin{bmatrix} 0.0201 & 0 \\ 0 & -0.0199 \end{bmatrix}$	$\dfrac{1}{2}\begin{bmatrix} 0.02 & 0 \\ 0 & -0.02 \end{bmatrix}$
0.1	$\dfrac{1}{2}\begin{bmatrix} 0.21 & 0 \\ 0 & -0.19 \end{bmatrix}$	$\dfrac{1}{2}\begin{bmatrix} 0.2 & 0 \\ 0 & -0.2 \end{bmatrix}$

は正しく評価されていることがわかる．一方，微小ひずみテンソルを求めると，

$$\epsilon' = \frac{1}{2}\begin{bmatrix} 2(\cos\theta - 1) & 0 \\ 0 & 2(\cos\theta - 1) \end{bmatrix} \tag{9.57}$$

となり，対角成分に非ゼロの値が生じる．これは，水平方向と鉛直方向に圧縮ひずみが生じていることを意味する．このように，微小変形理論において，剛体回転を伴う変形を扱う際には，剛体回転を除去する特別な操作が必要となる．

9.7.2　構成方程式

　構成方程式は，応力とひずみを結びつける関係式であり，物体を構成する材料の特性にもとづく局所的な力と変形の関係を記述するものである．これは，弾性力学，塑性力学，粘弾性力学のいずれの力学においても同様で，応力とひずみの関係付けがなければ連続体の変形の挙動を記述することができない．応力–ひずみ関係で最も単純な関係付けは，応力とひずみが線形な関係にあると仮定したものであり，線形弾性体とよばれる連続体である．以下に，等方性の線形弾性体における構成方程式について述べる．

　引張りおよび圧縮における応力とひずみの関係は

$$\left.\begin{array}{l} \epsilon_{xx} = \dfrac{1}{E}[\sigma_{xx} - \nu(\sigma_{yy} + \sigma_{zz})] \\[4pt] \epsilon_{yy} = \dfrac{1}{E}[\sigma_{yy} - \nu(\sigma_{zz} + \sigma_{xx})] \\[4pt] \epsilon_{zz} = \dfrac{1}{E}[\sigma_{zz} - \nu(\sigma_{xx} + \sigma_{yy})] \end{array}\right\} \tag{9.58}$$

であり，せん断における応力とひずみの関係は

$$2\epsilon_{xy} = \frac{\sigma_{xy}}{G} \qquad 2\epsilon_{yz} = \frac{\sigma_{yz}}{G} \qquad 2\epsilon_{zx} = \frac{\sigma_{zx}}{G} \qquad (9.59)$$

である．ここで E，ν，G および σ はそれぞれ，ヤング率，ポアソン比およびせん断弾性係数である．また，応力やひずみに関して，1番目の添字はそれらを評価する面を表し，2番目の添字はそれらの示す方向を表す．式 (9.58) および式 (9.59) を応力について解き直すと，

$$\left.\begin{aligned}\sigma_{xx} &= \frac{E}{(1+\nu)(1-2\nu)}[(1-\nu)\epsilon_{xx} + \nu(\epsilon_{yy} + \epsilon_{zz})] \\ \sigma_{yy} &= \frac{E}{(1+\nu)(1-2\nu)}[(1-\nu)\epsilon_{yy} + \nu(\epsilon_{zz} + \epsilon_{xx})] \\ \sigma_{zz} &= \frac{E}{(1+\nu)(1-2\nu)}[(1-\nu)\epsilon_{zz} + \nu(\epsilon_{xx} + \epsilon_{yy})]\end{aligned}\right\} \quad (9.60)$$

$$\sigma_{xy} = 2G\epsilon_{xy} \qquad \sigma_{yz} = 2G\epsilon_{yz} \qquad \sigma_{zx} = 2G\epsilon_{zx} \qquad (9.61)$$

となる．ここで，体積ひずみおよびラメの定数を導入する．体積ひずみ ϵ_V は，ひずみの対角成分の和であり，

$$\epsilon_V = \epsilon_{xx} + \epsilon_{yy} + \epsilon_{zz} \qquad (9.62)$$

と表される．ラメの定数 λ および μ は，線形弾性体の特性を表すパラメータであり，ヤング率，ポアソン比およびせん断弾性係数を用いて以下の式で表される[18]．

$$\lambda = \frac{E\nu}{(1+\nu)(1-2\nu)} \qquad (9.63)$$

$$\mu = G = \frac{E}{2(1+\nu)} \qquad (9.64)$$

これらを用いて式 (9.60) および (9.61) を書き直すと，

$$\left.\begin{aligned}\sigma_{xx} &= 2\mu\epsilon_{xx} + \lambda\epsilon_V \\ \sigma_{yy} &= 2\mu\epsilon_{yy} + \lambda\epsilon_V \\ \sigma_{zz} &= 2\mu\epsilon_{zz} + \lambda\epsilon_V\end{aligned}\right\} \qquad (9.65)$$

$$\sigma_{xy} = 2\mu\epsilon_{xy} \qquad \sigma_{yz} = 2\mu\epsilon_{yz} \qquad \sigma_{zx} = 2\mu\epsilon_{zx} \qquad (9.66)$$

となり，まとめてベクトル表記すると，

$$S = 2\mu\epsilon + \lambda tr(\epsilon) I \qquad (9.67)$$

となる．ここで，応力は第 2 ピオラ-キルヒホッフ応力 S で記述した．

文　献

[1] 粉体工学会，粉体工学叢書 粉体の成形，日刊工業新聞社 (2009)．
[2] 金子明子，河島 進，川島嘉明，砂田久一，竹内洋文，辻 彰，松田芳久，森本一洋，山本恵司，わかりやすい物理薬剤学，第 2 版，廣川書店 (2001)．
[3] I. C. Sinka, J. C. Cunningham, A. Zavaliangos, "The effect of wall friction in the compaction of pharmaceutical tablets with curved faces: a validation study of the Drucker-Prager Cap model," Powder Technol. **133** (2003) 33–43.
[4] I. C. Sinka, S. F. Burch, J. H. Tweed, J. C. Cunningham, "Measurement of density variations in tablets using X-ray computed tomography," Int. J. Pharmaceutics **271** (2004) 215–224.
[5] R. Baccino, F. Moret, "Numerical modeling of powder metallurgy processes," Mater. Design, **21** (2000) 359–364.
[6] C. Dellis, G. Le Marois, E. V. van Osch, "Structural materials by powder HIP for fusion reactors," J. Nuc. Mater. **258** (1998) 258–263.
[7] H. G. Kim, K. T. Kim, "Densification behavior of tungsten-fiber-reinforced copper powder compacts under hot isostatic pressing," Int. J. Mech. Sci. **42** (2000) 1339–1356.
[8] W. X. Yuan, J. Meia, V. Samarov, D. Seliverstov, X. Wua, "Computer modelling and tooling design for near net shaped components using hot isostatic pressing," J. Mater. Process. Technol. **182** (2007) 39–49.
[9] A. Michrafy, D. Ringenbacher, P. Tchoreloff, "Modelling the compaction behaviour of powders: application to pharmaceutical powders," Powder Technol. **127** (2002) 257–266.
[10] A. Michrafy, J. A. Dodds, M. S. Kadiri, "Wall friction in the compaction of pharmaceutical powders: measurement and effect on the density distribution," Powder Technol. **148** (2004) 53–55.
[11] M. S. Kadiri, A. Michrafy, J. A. Dodds, "Pharmaceutical powders compaction: Experimental and numerical analysis of the density distribution," Powder Technol. **157** (2005) 176–182.
[12] P. A. Cundall, O. D. L. Strack, "A Discrete Numerical Model for Granular Assembles," Geotechnique **29** (2010) 47–65.
[13] R. S. Ransing, D. T. Gethin, A. R. Khoei, P. Mosbah, R. W. Lewis, "Powder compaction modeling via the discrete and finite element method," Mater. Design **21** (2000) 263–269.
[14] 水谷慎，酒井幹夫，柴田和也，"粉末成形体の構造解析に関する基礎研究"，粉体工学会誌 **48** (2011) 464–472.
[15] 佐藤秀紀，岡部佐規一，岩田佳雄，機会振動学—動的問題解決の基礎知識，工業調査会 (1993)．

[16] 石川博将, 弾性と塑性の力学, 養賢堂 (2004).
[17] 京谷孝史, よくわかる連続体力学ノート, 森北出版株式会社 (2008).
[18] 有光 隆, 初めての固体力学, 講談社 (2010).

索　引

欧　文

CFL 条件	53
DEM	2, 19
DEM–CFD 法	113
DEM–DNS 法	155
DEM–MPS 法	137
DEM 粗視化モデル	11
Di Felice の式	115
DKT	160
DLVO 理論	9
Dougherty–Krieger の式	162
Ergun & Wen–Yu の式	115
Ergun の式	142
FEMDEM	7
Geldart の粉体分類	8, 124
GPU	77
MPS 法	2, 137
OpenMP	79
SIMD	77
SPH	1
Wen-Yu の式	142

あ　行

アダムス–バッシュホース–モールトンスキーム	64
アトミック演算	87
安定解析	31
安定化双共役勾配法	71
埋込境界法	153
運動量交換係数	142
影響半径	139
オイラー陰解法	60
オイラー陽解法	58
オーバーラップ	18
重み関数	138, 171

か 行

ガウス–ザイデル法	69
蛙跳び法	61, 175
拡散数	54
風上差分	45
仮想質量力	143
壁境界条件	50
気相–固相間運動量交換係数	115
共役勾配法	70
局所体積平均法	113, 137
空塔速度	125
グリーン–ラグランジュひずみ	183
──テンソル	170
勾配モデル	139
抗力係数	116
固液二相流	137
固気二相流	113
個別要素法	5
コンパイラオプション	109

さ 行

最小流動速度	132
最適化レベル	110
時間刻み	31
時間差分スキーム	57
周期境界条件	52
修正子	64
潤滑力	143
衝突判定格子	29
初期充填状態	33
シンプレクティックオイラースキーム	60
数値流体力学	41
スプリッティングスキーム	61
スラリー	161
スリップ条件	51
スレッド	79
線形ばね	19, 22

た 行

対称境界条件	51
第2ピオラ–キルヒホッフ応力テンソル	170
ダッシュポット	23
弾性	3
弾性ひずみエネルギー	170
弾性力	19
中心差分	46
直接計算	153
データ競合	83
デバッグモード	110
等価直径	126

な 行

ナビエ–ストークス方程式	2, 41, 119, 154
粘性減衰係数	22
ノースリップ条件	51

は 行

排他処理	90
ハイブリッドスキーム	46
ばね定数	22
ハミルトニアン	169

微小ひずみ	184	ヤング率	21
微小変形理論	185		
非線形ばね	19, 27	有限差分法	1
		有限体積法	1
ファンデルワールス力	8, 127	有限要素法	1
フォークトモデル	21		
フックの法則	19	予測子	64
フラクショナルステップ法	42, 120	予測子–修正子法	64

ら 行

不連続体モデル	5	ラグランジュ的手法	1
粉末成形体	10, 167	ラプラシアンモデル	140
並列計算	75		
ヘルツの接触理論	20	離散要素法	2, 5, 17
変位	18, 25	リダクション演算	92
変形勾配テンソル	170	粒子数密度	139
		流入・流出境界条件	52
ポアソン比	21	流体力学的相互作用力	153
ポアソン方程式	43	流動層	5, 8, 124
		リリースモード	110

ま 行

マルチコアプロセッサ	77	リンクリスト	35, 103
		隣接粒子探索	28
ミーゼスの相当応力	179		
		ルンゲ–クッタ法	62
森–乙武の式	162		
		レイノルズ数	116

や 行

		連続体モデル	4
ヤコビ法	68	連続の式	41, 119, 154

著者一覧

酒井幹夫（さかい　みきお）
東京大学大学院工学系研究科原子力国際専攻　准教授

茂渡悠介（しげと　ゆうすけ）
東京大学大学院工学系研究科システム創成学専攻
日本学術振興会　特別研究員

水谷　慎（みずたに　しん）
東京大学大学院工学系研究科システム創成学専攻
日本学術振興会　特別研究員

粉体の数値シミュレーション

平成 24 年 8 月 30 日　発　行

編著者　　酒　井　幹　夫

発行者　　池　田　和　博

発行所　　丸善出版株式会社

〒101-0051　東京都千代田区神田神保町二丁目17番
編　集：電話（03）3512-3266／FAX（03）3512-3272
営　業：電話（03）3512-3256／FAX（03）3512-3270
http://pub.maruzen.co.jp/

Ⓒ Mikio Sakai, 2012

組版印刷・製本／三美印刷株式会社

ISBN 978-4-621-08582-0 C 3043　　　　　Printed in Japan

JCOPY〈(社)出版者著作権管理機構　委託出版物〉
本書の無断複写は著作権法上での例外を除き禁じられています．複写される場合は，そのつど事前に，(社)出版者著作権管理機構（電話 03-3513-6969，FAX 03-3513-6979，e-mail：info@jcopy.or.jp）の許諾を得てください．